普通高等教育"十三五"规划教材

细胞生物学实验教程

赵自国　王彦美　主编

化学工业出版社

·北京·

内 容 简 介

本书从显微技术、细胞生命活动、亚细胞组分分离和细胞培养四个方面，共设置 32 个实验，涵盖了细胞生物学领域最基本的、最具代表性的实验方法和技术。内容既包括各种光学显微镜技术、电子显微镜技术、细胞膜的特性、细胞骨架的观察、细胞化学成分的定性分析、染色体标本的制备、细胞增殖、细胞凝集、细胞吞噬作用等方面的基础性实验项目，也包括亚细胞组分的分离、纯化与鉴定、细胞融合、细胞传代培养、染色体显带技术等综合性实验项目。

本书为高等院校本、专科细胞生物学实验教学用书，适用于综合性大学、农林院校、师范院校和医学院校的生物科学、生物技术、生物工程、生物制药及相关专业的学生使用，也可供相关专业的其他研究人员参考。

图书在版编目（CIP）数据

细胞生物学实验教程/赵自国，王彦美主编. —北京：
化学工业出版社，2020.11（2023.1重印）
普通高等教育"十三五"规划教材
ISBN 978-7-122-37764-7

Ⅰ.①细…　Ⅱ.①赵…②王…　Ⅲ.①细胞生物学-高等学校-教材　Ⅳ.①Q2

中国版本图书馆 CIP 数据核字（2020）第 176944 号

责任编辑：赵玉清　周　俑　　　　　　　装帧设计：关　飞
责任校对：赵懿桐

出版发行：化学工业出版社（北京市东城区青年湖南街 13 号　邮政编码 100011）
印　　装：天津盛通数码科技有限公司
787mm×1092mm　1/16　印张 11　字数 265 千字　　2023 年 1 月北京第 1 版第 2 次印刷

购书咨询：010-64518888　　　　　　　售后服务：010-64518899
网　　址：http://www.cip.com.cn

凡购买本书，如有缺损质量问题，本社销售中心负责调换。

定　　价：32.00 元　　　　　　　　　　　　　　　　　　版权所有　违者必究

前　言

细胞生物学是研究细胞结构、功能和细胞生命活动基本规律的科学，是现代生命科学的重要基础学科，也是一门实践性很强的学科。细胞生物学理论体系的形成和发展得益于细胞生物学实验技术的开发和创新。因此，在实验课程中使高校生命科学类学生学习和掌握细胞生物学实验技术和方法，通过实验发现问题并解决问题，培养良好的科学思维方法、实事求是的科研态度和独立的科学实践能力显得尤为重要。

本教材根据细胞生物学实验课程的特点，采用简便易得的鲜活细胞，选取最基础、最实用、最简便、最可靠的实验技术方法，以培养学生的实验技能，养成良好的实验习惯，形成科学的实验态度，提高综合实验能力为目的。从显微技术、细胞生命活动、亚细胞组分分离和细胞培养四个方面，共设置 32 个实验。内容既包括各种光学显微镜技术、电子显微镜技术、细胞膜的特性、细胞骨架的观察、细胞化学成分的定性分析、染色体标本的制备、细胞增殖、细胞凝集、细胞吞噬作用等方面的基础性实验项目，也包括亚细胞组分的分离、纯化与鉴定、细胞融合、细胞传代培养、染色体显带技术等综合性实验项目。

本教材的编写，基础性实验以实用性强、重复性好为原则，较全面地概括细胞生物学实验的基本技术和方法，强调基本技术的学习和基础实验技能的训练；综合性实验以操作规范、兼顾先进性为目的，融合了细胞生物学发展中的多种实验方法及新技术，强调多种实验技能综合训练和新技术的学习。每个实验从实验目的及实验原理入手，以实验用品、实验步骤和实验中的注意事项为重点，形成既与理论课相互补充又相对独立的实验教学体系，力求在培养学生实验技能的同时，理论联系实际地培养学生独立思考、综合分析、科学实践的能力和创新精神。

本教材既注重基础，又强调综合，既将科学性和可行性统一，又突出学以致用的特点，为高等院校本、专科细胞生物学实验教学用书，适用于综合性大学、农林院校、师范院校和医学院校的生物科学、生物技术、生物工程、生物制药及相关专业的学生使用，也可供相关专业的其他研究人员参考。

本教材编写具体分工如下：实验 4~8、11、18、22~28 由滨州学院赵自国编写，实验 1~3、9、10、12、13、16、19~21 由滨州学院王彦美编写，实验 29~32 由山东省滨州畜牧兽医研究院吴信明编写，实验 14、15、17 由滨州学院赵凤娟编写。

本教材在编写过程中得到了山东省高水平应用型专业群建设项目（生物技术）、滨州学院品牌专业建设项目和滨州学院教材出版基金项目资助，在此表示感谢！

由于编者的经验和水平有限，书中不妥和疏漏在所难免，恳请各位同行专家和读者批评指正。

编者

2020 年 7 月

目 录

第四部分　细胞培养　/ 144

第一部分
显微技术

显微技术（microscopy）是利用光学系统或电子光学系统设备，观察肉眼所不能分辨的微小物体形态结构及其特性的技术。包括：①各种显微镜的基本原理、操作和应用的技术；②显微镜样品的制备技术；③观察结果的记录、分析和处理的技术。

1. 光学显微镜

原始的光学显微镜是一个高倍率的放大镜。据记载，在1610年前意大利物理学家伽利略已制作过复式显微镜观察昆虫的复眼。这是一种已具目镜、物镜和镜筒等装置，并固定在支架上的显微镜。荷兰人A. van列文虎克一生制作了不少于247架显微镜，观察了许多细菌、原生动物和动、植物组织，是第一个用显微镜做科学观察的人。到18世纪显微镜已有许多改进，应用比较普遍，已作为一种商品进行生产。

1872～1873年，德国物理学家和数学家E. 阿贝提出了光学显微镜的完善理论，从此，镜头的制作可按预先的科学计算进行。同时，德国化学家O. 肖特成功地研制出供制作透镜的优质光学玻璃。他们和德国显微镜制作家卡尔·蔡司合作，建立了蔡司光学仪器厂，于1886年生产出具复消色差油镜的现代光学显微镜，达到了光学显微镜的分辨限度。从19世纪后期至20世纪60年代发展了许多类型的光学显微镜，如：偏光显微镜、暗视场显微镜、相差显微镜、干涉差显微镜、荧光显微镜。此外，还有许多特殊装置的显微镜，例如在细胞培养中特别有用的倒置显微镜。20世纪80年代后期又发展了一种同焦扫描激光显微镜，结合图像处理，可以直接观察活细胞的立体图，是光学显微镜的一大进展。

2. 电子显微镜

随着人类认知的发展，光学显微镜观察微小物体的范围已经远远不能满足人们的需求，人们需要一个分辨率更高的显微镜，伴随着对电子、物质波的不断了解诞生了第一架电子显微镜。

1934年由M. 诺尔和E. 鲁斯卡在柏林制造成功第一台实用的透射电子显微镜。其成像原理和光学显微镜相似，不同的是它用电子束作为照射源，用电子透镜代替玻璃透镜，整个系统在高真空中工作。由于电子波长很短，所以分辨率大大提高。在电镜制作的实验阶段就曾尝试观察生物材料。1934 年布鲁塞尔大学的 L. 马顿在美国就发表过用锇酸固定的茅膏菜植物叶子切面的电镜图。1949 年 A. 克劳德、K. R. 波特和 E. 皮克尔斯获得了第一张细胞超显微结构的电镜图。到 20 世纪 50 年代，透射电子显微镜在生物学的研究中已被广泛应用。分辨率已由最初的 50nm 提高到小于 0.2nm。

20 世纪 50 年代扫描电子显微镜在英国首先制造成功。它是利用物体反射的电子束成像的，相当于光学显微镜的反射像。扫描电子显微镜景深大，放大倍率连续可变，特别适用于研究微小物体的立体形态和表面的微观结构。20 世纪 70 年代以来，扫描电镜发展很快，在固体样品上可反射多种电子，结合信号分析装置，已成为研究物质表面结构的有力工具。扫描电镜的分辨率已由最初的 500Å❶ 提高至 50～30Å。电子显微镜的另一个发展是研制超高压电镜以增加分辨率和对原样品的穿透力。制成了 3MV 的加速电压的超高压电镜，可用来研究整体细胞和物质的分子结构像或原子结构像。

3. 样品制备技术

1665 年英国显微镜学家 R. 胡克把软木切成薄片才在显微镜下观察到细胞。列文虎克在 1714 年用藏红花作肌纤维切片的染色，这一简单的切片和染色可以说是制片技术的萌芽。从 18 世纪 20 年代开始，德国一些研究工作者在染料的发展上作出了很大的贡献；而英国一些显微镜学家则热心于制片技术的研究。经过 100 多年的实践，至 19 世纪中期显微制片技术才逐渐完善。1863 年 W. 瓦尔代尔报告了用苏木精染色可以很好地显示染色体。1869 年 E. 克莱布斯最先采用石蜡作为切片支持物来包埋材料。两年后，波姆和斯特里克勒把它发展为石蜡切片法。虽然早在 1770 年英国人卡明斯设计制作了切片机，但完善的转动式切片机直到 1883 年才由法伊弗在美国制造成功。这些重要的制片手段仍在使用。

透射电镜样品制作的原理和操作与显微制片相似。1952 年 G. E. 帕拉德采用缓冲的四氧化锇为固定剂获得良好的电镜图像，这一方法一直在沿用。1949 年纽曼采用二甲烯丙酸酯作为电镜样品切片的介质，获得了初步成功，后来改用了更合适的塑料，如环氧树脂 Epon812。1953 年 K. R. 波特和布卢姆首先采用了切超薄切片的超薄切片机，1950 年拉塔和哈特曼偶然发现玻璃刀适合于超薄切片，从此玻璃刀成了电镜切片的主要用刀，并且还在使用。当然费尔南德斯-莫兰发明的砧石刀效果更好，并且是制作连续切片所必不可少的。1950 年吉本斯和布雷德菲尔德证明电子图像的细节可由重金属染色而增强，从而发展了广泛使用的电子染料。

扫描电镜的样品制备比较简单。干燥的样品仅需金属涂膜使样品表面导电即可观察。生物材料一般需要固定、脱水、干燥和涂膜等步骤。此外，还可对所观察的对象进行各种手术，这种在显微镜下操作的技术称为显微操作。

4. 观察结果

显微镜及电子显微镜下所见显微图像及其显示的信息是被观察物体和辐射波之间相互作

---

❶ 1Å＝0.1nm。

用的效应，有些信息是可以直接用肉眼看到和识别的，有些则不能直接看到和识别。因此对显微技术所获得的信息的接收、分析和处理就十分重要。

光学显微镜所观察到的图像可为肉眼所接收和识别。这种直接观察的结果用描图仪依像勾画，即可记录；用显微摄影、显微电影或录像，则可更正确地记录。但在电子显微镜发展至高分辨率后，对极精细的结构，如对物质的分子或原子结构图的接收和解释，就会遇到许多困难，因为图像和样品的真实情况之间，在接收和显示中可能发生各种误差，不加校正和分析就无法获得理想的图像或作出正确的解释。这种对电子图像进行处理和分析的技术已发展成为一个专门的学科：生物图像处理技术。显微技术愈是深入地发展，图像处理技术愈益重要。

5. 显微技术的应用

18~19世纪显微技术的发展推动了生物学，特别是细胞学的迅速发展。例如，19世纪后叶细胞学家对受精作用、染色体的结构和行为的研究，就是在不断改进显微技术的过程中取得很大成就的，而这些成就又为细胞遗传学的建立和发展打下了基础。此外，显微技术在细胞学、组织学、胚胎学、植物解剖学、微生物学、古生物学及孢粉学发展中，已成为一个主要研究手段。

电子显微镜的发明促使生物学中微观现象的研究从显微水平发展到超显微水平。超微结构的研究结合生物化学的研究，使以形态描述为主的细胞学发展成为以研究细胞的生命活动基本规律为目的的细胞生物学。

20世纪70年代以来，由于电子显微镜分辨率的不断提高并与电子计算机的结合应用，许多分子生物学的现象，例如DNA的转录、DNA分子杂交等在生物化学中用同位素技术可证实的现象，也可在电子图像中获得直观的证实，许多生物大分子的结构和功能也可从电子图像的分析中加以认识。总之，利用显微技术进行的生物学研究可以反映细胞水平、超微结构水平，甚至分子水平三个不同层次的信息。三者各具特点，同时又是相互联系和相互补充的。

在医疗诊断中，显微技术已被用作常规的检查方法，如对血液、寄生虫卵、病原菌等的镜检等。利用显微技术作病理的研究已发展为一门专门的学科——细胞病理学，它在癌症的诊断中特别重要。某些遗传病的诊断，已离不开用显微技术做染色体变异的检查。此外，在卫生防疫、环境保护、病虫害防治、检疫、中草药鉴定、石油探矿和地层鉴定、木材鉴定、纤维品质检定、法医学、考古学、矿物学以及其他工业材料和工业产品的质量检查等方面，都有广泛的应用。

6. 显微技术发展前景

从20世纪70年代以来的发展趋势看，显微技术的进展将体现在以下几个方面：

① 技术上将更快地向定量显微技术方向发展；

② 在仪器上不论是光学显微镜还是电子显微镜，都将从单一功能的仪器向多功能组合的大型仪器发展；

③ 在操作上将在更大程度上引入电子学技术，从而向更高的自动化操作发展；

④ 图像分析技术将迅速地在显微技术中广泛应用；

⑤ 设法解决在超微结构水平上做活体的观察。曾经尝试创制高分辨率的X射线显微镜来观察活体，但还没有获得理想的结果。

实验1

普通光学显微镜的校准与使用

【实验目的】

1. 理解显微镜成像原理，掌握使用方法。
2. 了解显微镜的校准方法。

【实验原理】

细胞的发现与光学显微镜的发明密不可分，而且不管是在活的细胞还是固定的细胞中研究其结构及生物进程，光学显微镜都是不可替代的。明视野显微镜（bright field microscope）是最普通、最通用的一种光学显微镜，利用光线照明，标本中各点依其光吸收（即光的振幅发生变化）的不同而在明亮的背景中成像。

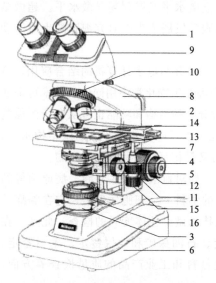

图 1-1 普通光学显微镜的结构

1—目镜；2—物镜；3—光源；4—聚光器；
5—光圈；6—镜座；7—镜柱；8—镜臂；
9—镜筒；10—物镜转换器；11—粗准焦螺旋；
12—细准焦螺旋；13—载物台；
14—弹簧夹；15—推动器；16—滤光器

1. 光学显微镜的基本结构（图 1-1）

（1）光学部分：包括目镜、物镜、聚光器和光源等。

① 目镜：通常由两组透镜组成，上端的一组又称为"接目镜"，下端的则称为"场镜"。两者之间或在场镜的下方装有视场光阑（金属环状装置），经物镜放大后的中间像就落在视场光阑平面上，所以其上可加置目镜测微尺。在目镜上方刻有放大倍数，如 $10\times$、$20\times$ 等。有些显微镜的目镜上还附有视度调节机构，操作者可以对左右眼分别进行视度调整。

② 物镜：由数组透镜组成，安装于转换器上，又称接物。通常每台显微镜配备一套不同倍数的物镜，包括：低倍物镜，指 $1\times\sim6\times$；中倍物镜，指 $6\times\sim25\times$；高倍物镜，指 $25\times\sim63\times$；油浸物镜，指 $90\times\sim100\times$。其中油浸物镜使用时需在物镜的下表面和盖玻片的上表面之间填充折射率为 1.5 左右的液体（如香柏油等），它能显著地提高显微观察的分辨率。其他物镜则直接使用。观察过程中物镜的选择一般遵循由低到高的顺序，因为低倍镜的视野大，便于查找待检的具体部位。

③ 聚光器：由聚光透镜和虹彩光圈组成，位于载物台下方。聚光透镜的功能是将光线

聚焦于视场范围内；透镜组下方的虹彩光圈可开大缩小，以控制聚光器的通光范围，调节光的强度，影响成像的分辨力和反差。

④ 光源：一般直接在镜座上安装光源，并有电流调节螺旋，用于调节光照强度。

（2）机械部分：包括镜座、镜柱、镜臂、镜筒、物镜转换器、载物台和准焦螺旋等。

① 镜座：基座部分，用于支持整台显微镜的平稳。

② 镜柱：镜座与镜臂之间的直立短柱，起连接和支持的作用。

③ 镜臂：显微镜后方的弓形部分，是移动显微镜时握持的部位。

④ 镜筒：安装在镜臂先端的圆筒状结构，上连目镜，下连接物镜转换器。显微镜的国际标准筒长为160mm，此数字标在物镜的外壳上。

⑤ 物镜转换器：镜筒下端的可自由旋转的圆盘，用于安装物镜。

⑥ 载物台：镜筒下方的平台，中央有一圆形的通光孔，用于放置载玻片。载物台上装有固定标本的弹簧夹，一侧有推动器，可移动标本的位置。有些推动器上还附有刻度，可直接计算标本移动的距离以及确定标本的位置。

⑦ 准焦螺旋：装在镜臂或镜柱上的大小两种螺旋，转动时可使镜筒或载物台上下移动，从而调节成像系统的焦距。大的称为粗准焦螺旋，每转动一圈，镜筒升降10mm；小的为细准焦螺旋，转动一圈可使镜筒仅升降0.1mm。一般显微镜装有左右两套准焦螺旋，作用相同，但切勿两手同时转动两侧的螺旋，防止因双手力量不均产生扭力，导致螺旋滑丝。

2. 光学显微镜的基本成像原理

显微镜能放大被检物体，是通过透镜实现的。物镜和目镜的作用都相当于一个凸透镜，其成像原理为（见图1-2）：被检物 AB 放在物镜（O_1）下方的 1~2 倍焦距之间，则在物镜（O_1）后方形成一个倒立的放大实像 A_1B_1，这个实像正好位于目镜（O_2）的下焦点之内，通过目镜后形成一个放大的虚像 A_2B_2，这个虚像通过调焦装置落在眼睛明视距离处，使所看到的物体最清晰，也就是说虚像 A_2B_2 是在眼球晶状体的两倍焦距处，在视网膜形成一个倒立的 A_2B_2 缩小像 A_3B_3。

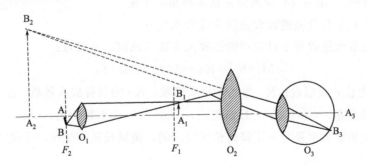

图 1-2　光学显微镜的放大原理和光路图（引自林加涵等）

3. 光学显微镜的照明原理

根据照明光路设计不同，显微镜有两种类型。一种为临界照明，即在光源和物体之间设有一个简单的聚光镜（也称聚光器），调节聚光器的位置，可使光源灯丝的像聚焦且叠加在标本平面上。这就造成标本的照明呈现出不均匀性，影响成像质量。另一种为科勒照明（Köhler ilumination），这种照明系统，除具有聚光镜外，还在放置光源的灯室内设有集光镜（也称集光器）。在集光器透镜两侧，灯丝和孔径光阑为一对共轭面，灯丝的像成在孔径光阑平面上；视场光阑和载物台为一对共轭面，视场光阑的像成在载物台上。因此科勒照明更优越，表现在：一是照明均匀，因为在标本平面上成像的是视场光阑，而不是灯丝；二是通过调节视场光阑的大小和位置可以控制标本平面上照明区的大小和位置，当只需要观察或测量标本的一部分时，可以关小视场光阑，减小照明区域，使标本的其他部分不受热，同时减少了杂散光的干扰（见图1-3）。

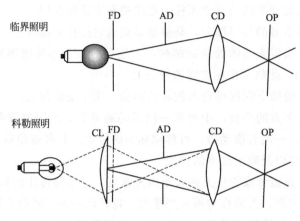

图 1-3　临界照明和科勒照明（引自林加涵等）

CL—集光器；FD—视场光阑；AD—孔径光阑；CD—聚光器；OP—载物台

4. 光学显微镜的分辨率和放大倍数

显微镜的分辨率也称分辨力，指能把两个物点辨清的最小距离。能把两点分辨开的最小距离叫做分辨距离。分辨距离越少，则分辨率越高。显微镜的分辨率计算公式为：

$$D = 0.61\lambda/\mathrm{NA}$$

$$\mathrm{NA} = n \cdot \sin(\alpha/2)$$

式中，D 为分辨率；λ 为光波波长；NA 为物镜的数值孔径（镜口率）；n 为物镜与标本间介质的折射率；$\sin(\alpha/2)$ 为透镜视锥半顶角的正弦。

由此式计算光学显微镜的最大分辨率均为 $0.2\mu m$。

显微镜的总放大倍数等于目镜和物镜放大倍数的乘积，公式为：

$$M = K_1 \times K_2 = \Delta/f_1 \times 250/f_2$$

式中，M 为总放大倍数；K_1 为物镜放大倍数；K_2 为目镜放大倍数；Δ 为光学镜筒长，mm；f_1 为物镜焦距，mm；f_2 为目镜焦距，mm；250 为明视距离，mm。

因此，物镜的放大率是对一定镜筒长度而定的，镜筒长度的变化，不仅放大率变化，成像也受到影响。

5. 光学显微镜的镜像亮度和视场亮度

镜像亮度指在显微镜下所观察到的图像的明暗程度。镜像亮度与镜口率的平方成正比，与总放大倍数成反比。即镜口率越大，镜像亮度越大；总放大倍数越高，镜像亮度越小。视场亮度指显微镜下整个视场的明暗程度。视场亮度不仅与目镜、物镜有关，而且还直接受聚光镜、光阑和光源等因素的影响。在不更换目镜和物镜的情况下，视场亮度越大，镜像亮度也就大。使用时，对镜像亮度的要求，一般是使眼睛既不感到暗淡，又不耀眼为宜。

【实验用品】

1. 实验材料

染色的玻片标本。

2. 实验器具

显微镜、擦镜纸。

3. 实验试剂

香柏油，二甲苯。

【实验步骤】

1. 明视野显微镜科勒照明校准

（1）将聚光镜调至最高点。

（2）关闭反光镜的视场虹彩光阑，降低聚光镜使图像聚焦，当标本和光阑边界都清晰时，聚光镜已聚焦。

（3）用聚光镜上调定中心用的螺杆将视场光阑调至视野中央，然后打开视场光阑使其恰好充满视野。

（4）移开一个目镜，看着镜筒，调节孔径光阑使它覆盖环形照明区域的 2/3～3/4 大小，这有利于控制照亮物体的光锥角度并避免闪光。

（5）目镜复位，科勒照明即已调定。调节光源的光强度以改变视野亮度，而不是通过改变聚光镜或视场光阑改变光强度。

（6）每一个物镜都必须校准。

2. 普通光学显微镜目镜校准

光学显微镜（非单目显微镜）常装有目镜间距的调节装置和每个眼睛视觉敏锐度的调节装置，旨在将图像聚焦在眼睛，且不感到视觉疲劳或不舒服。经典的光学显微镜，只有左侧目镜镜筒或目镜是可调的；然而，如果显微镜底座上有目标十字标线，且十字标线可转至视野的话，表示两个目镜均可调。

（1）低倍物镜（4×或10×）下，聚焦在载物台上的染色标本上，并调整为科勒照明模式。

（2）移动目镜镜筒底部，即收拢或分开两目镜，以找到适合观察者的瞳距。

（3）如果显微镜有目标十字标线：将十字标线转至视野，闭上左眼，调节右侧目镜上的屈光度调节环，直到目标精确地聚焦在右眼；然后闭上右眼，调节左侧目镜上的屈光度调节环，直到目标精确地聚焦在左眼。移去目标观察标本。

如果显微镜没有目标十字标线：闭上左眼，将视野中心附近的微细结构较好地聚焦在右眼；然后闭上右眼，调节左侧目镜上的屈光度调节环，直到标本的微细结构较好地聚焦在左眼。双眼同时睁开时，稍微调节一下左侧目镜镜筒的焦点。

3. 普通光学显微镜的使用

（1）观察前准备工作：养成良好的显微镜使用习惯，双眼同时观察标本，将所要用到的材料、药品和各器具预先准备好。从显微镜柜箱内取出显微镜时，要用右手紧握镜臂，左手托住镜座，平稳地取出，放置在实验台桌面上，置于操作者左前方，距实验台边缘约10cm，镜臂朝自己，镜筒朝前。检查显微镜的各部件是否完整和正常，并对载物台、目镜、物镜及聚光器上端透镜进行必要的清洁工作。

（2）科勒照明校准。

（3）校准目镜，调节瞳距。

（4）聚光器和物镜配合的操作及滤光片的选择：对没有标明数值孔径的聚光器，先取下目镜，直接向镜筒看，把可变光阑关到最小，然后慢慢开大，使它的口径与视场的直径恰好一样大；对标明数值孔径的聚光器，根据物镜的数值孔径值做相应调整，使两者的孔径数值一致。根据观察的目的，采用合适的滤光片，防止耀眼和减轻眼疲劳，增进分辨率，增大明暗反差等。

（5）装置待检玻片：将待观察的玻片标本放在载物台上，用弹簧夹固定，有盖玻片的一面朝上，并调至通光孔的中心。

（6）低倍镜观察：将低倍镜对准通光孔，缓缓转动粗准焦螺旋，上升载物台，将物镜与玻片的距离调至最近。然后用粗准焦螺旋缓慢调节，下降载物台直至物像出现，再用细准焦螺旋微调，使物像达到最清晰的程度。并把需要进一步放大观察的部分移至视野中央。

（7）高倍镜观察：转动转换器，选择较高倍数的物镜，用细准焦螺旋调节焦距，到物像清晰为止。

（8）油镜观察：油浸物镜的工作距离（指物镜前透镜的表面到被检物体之间的距离）很短，一般在 0.2mm 以内，因此使用油浸物镜时，调焦速度必须放慢，避免压碎玻片及物镜受损。

① 在低倍镜下找到观察目标的清晰物像，将待观察部位置于视野中央，加一小滴香柏油于玻片的镜检部位上。

② 转动转换器，将油镜浸入油滴，从目镜中观察，用细准焦螺旋微调，直至物像清晰。

③ 镜检结束后，将镜头旋离玻片，立即清洁镜头。一般先用擦镜纸擦去镜头上的香柏油滴。再用擦镜纸蘸少许乙醚-乙醇混合液（2∶3），擦去残留油迹。最后再用干净的擦镜纸擦净（注意向一个方向擦拭）。

（9）还原显微镜：关闭内置光源并拔下电源插头。旋转物镜转换器，使物镜镜头呈八字形位置与通光孔相对（即没有物镜镜筒正对通光孔）。下降载物台，降下聚光器。罩上防尘罩，将显微镜放回柜内或镜箱中。

4. 显微镜光学部件的维护及清洗

保持显微镜光学部件的清洁对于高质量成像非常重要。显微镜上或显微镜内的灰尘、指印、多余浸油或封固剂会降低相差及分辨率。保持显微镜清洁的步骤如下：

（1）不使用显微镜时，要将其盖起来。确保塞紧镜头转换器上所有的孔、筒及空洞部位。

（2）从显微镜取下物镜后，应将其存放于螺口容器内；显微镜附件，如聚光器及校准器，应放在塑料袋或塑料盒内。

（3）用无油（乙醚清洗过的）骆驼毛刷子刷去灰尘，或用低速的洁净空气气流吹掉灰尘。用含少量去污剂的蒸馏水去除水溶性污染物。

（4）用高质量镜纸从物镜或聚光镜镜头前部拉过以去除大部分浸油。在一对折的镜纸上滴几滴溶剂，用来清洗物镜。从镜头表面拉过镜纸，使溶剂迅速流入镜头凹陷处并呈圆形聚集在一起。在每次这样的操作中，镜纸的干燥部分最后从镜头表面拉过。必要时重复该步骤。

（5）将棉签浸入清洗液中，然后晃动棉签，甩掉多余的清洗液，再用来清洗凹陷的干式物镜镜头前的顽固污渍，在镜头表面转动顶端棉花清洗物镜附件。

（6）用去污剂溶液或乙醇（不用二甲苯）清洗目镜表面。

【注意事项】

1. 使用高倍物镜和油浸物镜时只能转动细准焦螺旋。

2. 杜绝使用商品面巾纸擦拭镜头，擦镜纸的任何部位最多只能与镜头接触一次，这样可避免从镜头上去除的灰尘及污染物再次污染镜头或者划擦镜头。简单的方法就是以"Z"字形方向或平行从镜头表面拉过镜纸。

【作业及思考题】

1. 怎样进行科勒照明的校准？

2. 普通光学显微镜的使用方法是什么？

实验 2

细胞结构的观察与大小的测量

【实验目的】

1. 掌握血涂片的制备方法。
2. 认识红细胞及各种白细胞的典型形态。
3. 掌握显微测微尺的使用方法。

【实验原理】

1. 细胞结构观察

细胞是生命活动的基本结构和功能单位，其形态与功能相适应，种类繁多，形态各异，有球形、椭圆形、扁平形、长梭形、星形等。虽然细胞的形状各异，但是它们却有共同的基本结构特点，都是由细胞膜（动物）或细胞壁（植物）、细胞质和细胞核组成。一般光学显微镜分辨率为 $0.2\mu m$，细胞中的线粒体、高尔基体、中心体、核仁、染色体等细胞器长度或直径大于 $0.2\mu m$，一般经过一定固定染色处理后，借助显微镜可以观察细胞及其内部结构。

2. 细胞测量

不同的组织细胞不仅形态上有差异，大小也往往各不相同。有机体的每种细胞都有其特定的尺寸和形态，这与它们发挥特定的功能有关，而一旦细胞不能保持固有形态，其功能就会受到损害，从而会给有机体带来一系列问题。利用显微镜附带的测微尺可以对观察到的细胞或其结构进行长度测量，从而对其体积进行计算。

（1）镜台测微尺：镜台测微尺是一块特制的载玻片，在它的中央由一片圆形盖片封固着一个具有精细刻度的标尺，标尺长 1mm，分成 100 等份的小格，每小格长为 $10\mu m$。标尺的外围有一黑色的小环，以便在显微镜下寻找标尺位置（见图 1-4）。

（2）目镜测微尺：分为线性目镜测微尺和网状目镜测微尺。目镜测微尺是一块比目镜筒内径稍小的有标尺的圆形玻璃片，标尺长 10mm，分为 100 等份的小格（图 1-5）。每小格表示的实际长度随不同的显微镜、不同放大倍数的物镜而不同。线性目镜测微尺一般用来测量长度，网状目镜测微尺上有数个正方格的网状刻度，经常使用网状目镜测微尺测面积。

（3）测微原理：镜台测微尺是显微长度测量的标准，但它并不被用来直接测量。目镜测微尺每小格的实际长度随不同显微镜、不同放大倍数而不同，因为目镜测微尺是安装在目镜隔板上，显微镜下被测标本的物像是经过物镜、目镜两次放大成像后才进入视野的，而目镜测微尺上的刻度只经过一次放大成像，放大倍数与显微镜下标本的放大倍数不同，因此目镜

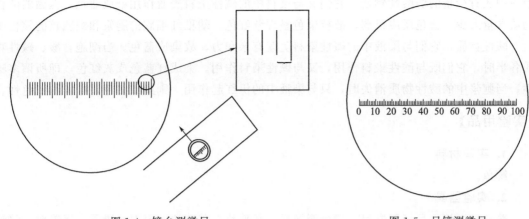

图 1-4　镜台测微尺　　　　　　　　　　图 1-5　目镜测微尺

测微尺每小格的长度只代表相对长度，是变化的，必须由镜台测微尺校正后才有意义，因此镜台测微尺和目镜测微尺必须配合使用。

所以先要用镜台测微尺对目镜测微尺进行校正，测出不同放大倍数下目镜测微尺每小格的实际长度。在测量标本时，移去镜台测微尺，换上被测标本，用目镜测微尺即可测得观察标本的实际长度。镜台测微尺用来校正目镜测微尺，故其质量对所测细胞影响极大。通过测量细胞的长度可以计算出细胞的面积和体积。

用镜台测微尺去标定目镜测微尺，根据它们对齐的位置计算目镜测微尺每小格代表的实际长度。用以下公式计算：

$$X = na/M$$

式中，X 表示目镜测微尺每格的实际长度；a 表示镜台测微尺每格的刻度值；n 表示镜台测微尺的刻度数；M 表示目镜测微尺的刻度数。

并用以下公式计算细胞及细胞核体积。

椭球形：$V = 4\pi ab^2/3$

圆球形：$V = 4\pi r^3/3$

圆柱形：$V = \pi r^2 h$

式中，a 表示长半径；b 表示短半径；r 表示半径；h 表示高。

3. 血涂片

涂片法制作血液单层细胞标本，经瑞氏（Wright）染液染色，特点是将固定和染色合并在一起进行，手续简便，染色时间短，对白细胞中的特异性颗粒着色较好，但对核的着色较差。细胞的着色过程是染料透入被染物并存留其内部的一种过程，此过程既有物理吸附作用，又有化学亲和作用。各种细胞及细胞的各种成分由于其化学性质不同，对各种染料的亲和力也不一样，因此，在血涂片上可以见到不同的着色。细胞中碱性物质与酸性染料伊红结合染成红色，因此该物质又称为嗜酸性物质。如红细胞中的血红蛋白、嗜酸性粒细胞胞浆中的颗粒为碱性物质，这些物质可与伊红结合染成红色。细胞中的酸性物质可与染液中的碱性染料美蓝结合染成蓝色，该物质又称嗜碱性物质。如嗜碱性粒细胞中的颗粒为酸性物质，可与碱性染料美蓝结合染成蓝色。细胞核主要由脱氧核糖核酸和强碱性的组蛋白、精蛋白等形式的核蛋白所组成，这种强碱性的物质与瑞氏染液中的酸性染料伊红结合成红色，但因为核蛋白中还有少量的弱酸性物质，它们又与染料中的碱性染料美蓝作用染成蓝色，但因弱酸性物质含量太少，蓝色反应极弱，故核染色呈现紫红色。幼稚红细胞的胞浆和细胞核的核仁中含有酸性物质，它们与染液中的碱性染料美蓝有亲和力，故染成蓝色。当细胞含酸、碱性物质各半时，它们既与酸性染料作用，又与碱性染料作用，染成红蓝色或灰红色，即所谓多嗜性。当胞浆中的酸性物质消失时，只与染液中的伊红起作用，则染成红色，即所谓正色性。

【实验用品】

1. 实验材料

鲫鱼。

2. 实验器具

普通显微镜，目镜测微尺，镜台测微尺，载玻片，盖玻片，剪刀，镊子，培养皿，移液枪、枪头，擦镜纸，记号笔等。

3. 实验试剂

瑞氏染液：瑞氏染料　　0.1g
　　　　　甲醇　　　　60ml

配制方法：0.1g 瑞氏染料粉剂放入洁净干燥的研钵中，先加少量甲醇慢慢地研磨（至少半小时），以使染料充分溶解，再加一些甲醇混匀，然后将溶解的部分倒入洁净的棕色瓶内，研钵内剩余的未溶解的染料，再加入少许甲醇细研，如此多次研磨，直至染料全部溶解，甲醇60ml用完为止。密封于棕色小口瓶内，放置 2 周以上使用。

【实验步骤】

1. 血涂片制备

（1）采血：鲫鱼断尾取血或尾静脉取血。

（2）血涂片的制备：用吸管吸取少量稀释了的血液，在载玻片右端滴一滴，另取一张载玻片，使其一条边缘接触血液，两玻片成30°～45°，迅速向前推移，使血液被拉成均匀的薄膜（见图1-6）。血液的大小、玻片的夹角、推移的速度对血膜的厚薄均有影响。将玻片在空气中晾干。

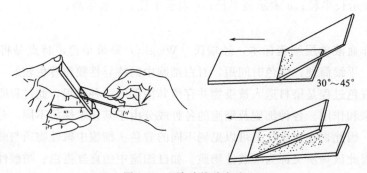

图1-6　血涂片推片方法

（3）染色：在血膜上滴几滴瑞氏染液，平置 1min，再向染液中加入等量的蒸馏水，稀释染液，继续 9min。用自来水轻轻冲洗玻片上的染液，晾干。

（4）观察：分别用低倍镜和高倍镜观察血细胞的形态。

2. 使用显微测微尺测量细胞大小

（1）安装：卸下目镜的一个上透镜，将目镜测微尺刻度线向下安装在目镜的焦平面上，再旋上目镜的上透镜。将镜台测微尺刻度向上安装在载物台上固定好，打开电源开关，调节载物台使测微尺分度位于视野中央。用低倍镜（4倍）观察，调焦至能看清镜台测微尺的刻度线。

（2）校正：调换物镜至10倍放大倍数，调节焦距使镜台测微尺的刻度线最清晰。此时在视野内可以同时看到镜台测微尺和目镜测微尺。移动载物台将镜台测微尺标尺移至目镜测微尺的下方以避免后者标尺上的刻度线妨碍视线。旋转目镜镜筒使目镜测微尺的标尺与镜台测微尺平行且靠近，移动载物台使镜台测微尺左端的0刻度线与目镜测微尺左端的0刻度线重叠，从左至右依次间隔读出两尺刻度线重合的位置，记录格数，至少记录5个读数。计算5次数值的平均值即为该放大倍数下目镜测微尺每小格代表的实际长度。依次在高倍镜和油镜下对目镜测微尺进行校正。在高倍镜和油镜下镜台测微尺的刻度线显得很粗，目镜测微尺的刻度线与它相比是很细的，为了减少误差，校正时目镜测微尺左端的刻度线应放在镜台测微尺左端刻度线的左旁边缘。

（3）测微：移去镜台测微尺，放置鲫鱼血涂片，用目镜测微尺测量一个细胞所占小格数并乘以目镜测微尺每小格代表的实际长度，即为被测细胞的实际长度，并计算细胞体积。在测量过程中，为了数值的准确性，一般通过多次测量取平均值。

【注意事项】

1. 制作血涂片的载玻片必须清洗干净。

2. 镜台测微尺标尺的圆环上盖有一圆形盖玻片起保护刻度线的作用，盖玻片是用树胶粘在载玻片上的，因此避免二甲苯与其接触。可用乙醇和乙醚2∶8或3∶7混合液擦洗。

3. 在用镜台测微尺对目镜测微尺进行校正时，注意不要把镜台测微尺放反或放倒，显微镜的光亮度不宜太亮。测微尺都是用玻璃材质做的，在使用的时候要小心，不要摔碎或压碎。

4. 血膜片的质量要求是厚薄均匀适度，低倍镜下观察全片，细胞不重叠，头尾及两侧有一定的空隙。

5. 判断瑞氏染液成熟程度的简易方法是用正常优质血片做预染试验，先用低倍镜观察载有染液的血片，认为着色满意后，再按照染色后冲洗顺序操作，最后用油镜镜检，这样不仅可了解染液的成熟程度，而且还可以选择合适的染色时间。所需时间越长，应适当增加染液浓度，因此必须根据情况灵活掌握。

【作业及思考题】

1. 根据不同的着色，区分各种白细胞并拍照。

2. 测量鲫鱼红细胞的大小，并计算体积。

实验 3

细胞计数和活力测定

【实验目的】

1. 理解细胞计数原理，掌握细胞计数方法。
2. 学习细胞活力测定方法。

【实验原理】

1. 血细胞计数板

细胞计数可用血细胞计数板。血细胞计数板是一块无色厚玻璃制成的载玻片，正面观察，可见中央刻有两个计数室平台，由"H"形沟槽相隔。与计数板长轴垂直的沟槽外侧各有一条与之平行的凸出的支持柱，用以承载盖片，支持柱的外侧仍为与长轴垂直的沟槽。沿计数板纵切面观察，可见支持柱略高于计数室平台（落差 0.1mm），如将盖片搭载于支柱上，盖片与计数室平台之间即形成 0.1mm 的缝隙。此时将液体充入盖片与计数室之间，则液层的厚度（或深度）也为 0.1mm（见图 1-7）。

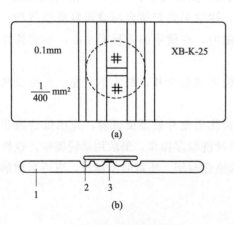

图 1-7　血细胞计数板构造

（a）正面图；（b）纵切面图

1—血细胞计数板；2—盖玻片；3—计数室

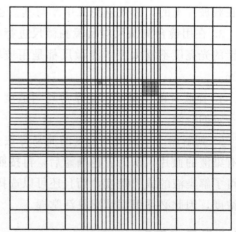

图 1-8　计数室分格：25×16

每个计数室平台上均刻有清晰的网格划线。由网格线围成的正方形区域为细胞计数区，最大正方形边长 3mm，分为 9 个大方格，每个大方格边长 1mm，面积 1mm²，若覆以盖片并充满液体，液体的体积为 0.1mm³（0.1μl）。中央的一大格作为计数用，称为计数区。计数区的刻度有两种：一种是计数区分为 16 个中方格（中方格用三线隔开），而每个中方格又分成 25 个小方格；另一种是一个计数区分成 25 个中方格（中方格之间用双线分开），而每个中方格又分成 16 个小方格（图 1-8）。但是不管计数区是哪一种构造，它们都有一个共同特点，即计数区都由 400 个小方格组成。

计数时，如果使用 16 格×25 格规格的计数室，要按对角线位，取左上、右上、左下、右下 4 个中格（100 个小格）的细胞数；如果规格为 25 格×16 格的计数板，除了取其 4 个对角方位外还需再数中央的一个中格（即 80 个小方格）的细胞数。由于划线部分也占有计数室的总面积，因此对压线细胞也应列入计数，为避免重复计数或漏计，一般遵循数上不数下、数左不数右的原则。

计算公式：

（1）16 格×25 格的血细胞计数板计算公式：

$$细胞数/ml＝100 小格内细胞个数/100×400×10^4×稀释倍数$$

（2）25 格×16 格的血细胞计数板计算公式：

$$细胞数/ml＝80 小格内细胞个数/80×400×10^4×稀释倍数$$

2. 细胞活力

在细胞群体中总有一些因各种原因而死亡的细胞，总细胞中活细胞所占的百分比叫做细胞活力，细胞活力＝活细胞数/（活细胞数＋死细胞数）×100％。由组织中分离细胞一般也要检查活力，以了解分离的过程对细胞是否有损伤作用。复苏后的细胞也要检查活力，了解冻存和复苏的效果。细胞活力采用染料排斥法测定，通常是依据死细胞可以吸收活性染料，而活细胞因具有完整细胞膜而排斥染料的原理。最常用的染料为台盼蓝，死细胞会被染色呈蓝色，活细胞染料无法渗入而不显色，从而可以区分死细胞与活细胞。

【实验用品】

1. 实验材料

培养细胞悬液。

2. 实验器具

倒置显微镜，血细胞计数板，盖玻片，移液枪、枪头和枪头盒，5ml 离心管，1ml EP 管。

3. 实验试剂

0.4％台盼蓝（trypan blue）溶液，细胞培养基。

【实验步骤】

1. 取干净血细胞计数板，盖上盖玻片。

2. 1000r/min 离心细胞悬液 5min，弃上清液。

3. 将细胞重悬于 2ml 培养基中，轻轻吹打细胞悬液，混匀，确定细胞分散均匀。

4. 取 250μl 细胞悬液加入 1ml EP 管，加入等体积台盼蓝染液，轻轻吹打，混匀，迅速吸取细胞悬液，在盖玻片两侧滴入，毛细作用使之移到盖玻片下面，填满中央沟和边缘之间的区域。滴液不能有气泡，也不能太多，否则会使盖玻片浮起而使计数不准。

5. 显微镜下观察，活细胞不着色，深蓝色是不健康或已死亡细胞。数活细胞和死细胞数目。重复计数 3 次，取平均值。

6. 计算细胞活力和细胞悬液的细胞浓度。

【注意事项】

1. 血细胞计数板使用后，用自来水冲洗，切勿用硬物洗刷，洗后自行晾干或用吹风机吹干，或用95％的乙醇、无水乙醇、丙酮等有机溶剂脱水使其干燥。通过镜检观察每小格内是否有残留。若不干净，则必须重复清洗直到干净为止。

2. 镜下偶见由两个以上细胞组成的细胞团，应按单个细胞计算，若细胞团占10％以上，说明分散不好，需重新制备细胞悬液。

【作业及思考题】

1. 计算此细胞悬液的细胞活力和细胞浓度。
2. 各小组对比实验结果，分析存在差异的原因。

实验 4

相差显微镜

【实验目的】

掌握相差显微镜的原理、构造及其使用方法。

【实验原理】

不同光波有振幅（亮度）、波长（颜色）及相位（指在某一时刻光在波动周期中所处的位置）的不同。当光通过物体时，只有当波长和振幅发生变化时，人的眼睛才能观察到。大多数活体生物样品近于无色透明，光波通过细胞结构后，波长和振幅都几乎不发生改变，仅相位有变化产生相位差，简称相差。相差是指同一光线经过折射率不同的介质其相位发生变化并产生的差异。而这种相位的变化，人眼是无法辨别的，所以用普通光学显微镜难以清楚分辨大多数活细胞及未染色生物样品的内部结构。

对于无色的生物样品，我们一般借助于染色的方法，使经过样品结构或背景的光在波长和振幅上发生变化，这样，样品结构及其背景在颜色和亮度上就会呈现出较大差异，更容易被人眼识别，这就是普通光学显微镜下能够观察到染色样品结构的原理。但活体生物样品在染色的过程中，往往会对生物样品产生有害的影响，甚至引起结构的改变，所以染色之前常常需要固定，也就是快速杀死生物样品而维持其内部主要结构的相对稳定。但在实际的研究工作中，经常会遇到有些无色、透明的生物样品难以染色或者需要维持生活状态，不能用固定、染色的办法观察，使用相差显微镜就可以很好地解决这个问题。

相差显微镜（phase-contrast microscope）是 1932 年由荷兰格罗宁根大学的科学家泽尼克（Frits Zernike，1888—1966）发明的，并因此获得了 1953 年诺贝尔物理学奖。相差显微镜最大的优点是可以用于观察未经染色的生物样品和活细胞。相差显微镜利用光的衍射和干涉现象，将人眼不可分辨的相差转变为可分辨的振幅差（明暗对比），提高各种结构间的对比度；另外，它还可以吸收部分直射光线，以增大其明暗的反差，从而使各种结构变得清晰可见。

1. 光程

为了方便计算相干光在不同介质中传播后产生的相位差，需要引入光程的概念。光程是一个折合量，就是把光在介质中传播的距离折合为在相同时间内光线在真空中传播的距离；在数值上，光程等于光在介质中传播的距离（r）乘以该介质的折射率（n）。

2. 光速、波长与介质折射率

光波在同一种介质传播时，波长（λ）始终不变；光波在折射率不同的介质中传播时，光波的频率（f）不变，波长随介质折射率的不同而不同。真空的折射率为1，设频率为f的单色光在真空中传播时的波长为λ，传播速度为c，则$c=f\lambda$。

单色光在不同介质中的传播速度与介质的折射率（n）成反比；两种介质相比，把光速（在该介质中光的速度）大的介质叫做光疏介质，光速小的介质叫光密介质。光在折射率为n的介质中传播速度为$c'=c/n$，在该介质中的波长为$\lambda'=c'/f=c/(nf)=f\lambda/(nf)=\lambda/n$。

这说明单色光在折射率为n的介质中传播时，其波长为其在真空中传播波长的$1/n$。

3. 相位与相差

光具有波粒二象性，因而可看做是波。相位是指在某一时刻，光波在某一点的波动状态，或者说是在它波形循环中的位置，通常以角度（或弧度）作为单位。在某一固定点每经过一个时间周期，或在某一固定时刻沿着光的传播方向前进一个波长，相位变化$360°$（2π）。由于光的频率极高，其具体相位是无法测量的，能够测量的只是一个光信号相对于另一个光信号的相位差异。相位上的差异可以分为以下几种情况：

（1）空间同一点在不同时刻的振动状态。

（2）同一时刻空间不同点的振动状态。

（3）不同时刻不同点的振动状态。

这三类情况的振动状态是不同的，表征这一差异的量即是相位差。即若以某一点为参考点，另一点需经过多长时间（或者波传播多远距离）才能达到和参考点相同的振动状态。

若光在折射率为n的介质中传播的距离为r，则其相位的变化为：

$$\Delta\varphi=2\pi r/\lambda'=2\pi nr/\lambda$$

该式表明，单色光在折射率为n的介质中传播距离r产生的相位变化，与其在真空中传播距离nr产生的相位变化相同，于是把nr（即介质折射率n与光在该介质中传播的几何路程r的乘积）定义为光程（Δ）。

由初相位相同的两束相干光分别经过折射率为n_1、n_2的介质，传播距离r_1、r_2后在某一点相遇，则其相位差为：

$$\Delta\varphi=2\pi n_1 r_1/\lambda-2\pi n_2 r_2/\lambda=2\pi(n_1 r_1-n_2 r_2)/\lambda$$

其中（$n_1 r_1-n_2 r_2$）是光在两种介质中传播的光程差。因此，相位差取决于光波通过不同介质的光程差，而光程差决定于介质的折射率及其厚度的差别。

在空气中平行光通过透镜后将汇聚到透镜的焦点处形成亮点。由波动光学的观点看同一光波面上各点光线相位相同，到达透镜后焦点处依然相位相同，因干涉相长而形成亮点。由此可以得到，从波面上各点到透镜的后焦点处，各光线经过的光程相等，称为透镜的等光程性。也就是说，光通过薄透镜时，不会引起附加光程差。因此，计算光程差和相差时，不用考虑透镜的影响。

活细胞和未经染色的生物样品切片虽然大多是无色透明的，但其各部分结构之间的折射率和厚度还是会有微小的差异，光波通过各部分的时间会有不同，即光程会有差异，因此，通过不同结构的光波之间会产生相位差。

4. 衍射与干涉

人的肉眼并不能分辨相位差。相差显微镜可以利用光的衍射（diffraction）和干涉现象，将这种相位差转变为振幅差（明暗对比），使人的肉眼可以分辨。

光波在同一介质里是沿直线方向传播的。当光在传播过程中遇到障碍物或小孔时，光将偏离直线传播的路径而绕到障碍物后面或孔的外面去传播的现象，叫光的衍射。

在同一种介质里传播的两束光线，如果频率与波长相同，在两束光相交的区域里，由于叠加的结果，合振幅出现增大或减小，光的亮度增强或减弱，这就是光波的干涉现象。

光线照射到样品结构后产生直射光和衍射光，衍射光的光波振幅小，相位大约滞后了1/4 波长。样品结构的影像由直射光和衍射光经干涉后的合成波形成；背景仅由直射光形成。若是在直射光的通过点和大部分的衍射光的通过面放置吸收光的物质或推迟相位的物质，就能分别改变直射光和衍射光的相位和振幅。如果把直射光光波推迟 1/4 波长，使之与衍射光相位一致，二者相遇发生干涉，合成光波的振幅等于直射光与衍射光的振幅之和，振幅增大，亮度提高，使样品结构的像的亮度大于背景的亮度，称为明反差（bright contrast）或负反差（negative contrast）。如果把衍射光的光波推迟 1/4 波长，使直射光与衍射光的相位差为 1/2 波长，二者相遇干涉后，合成光波的振幅为二者的振幅之差，样品结构的像的亮度比背景要暗，称之为暗反差（dark contrast）或正反差（positive contrast）。

5. 相差显微镜的构造

与普通光学显微镜相比，相差显微镜有四个特殊的部件：相差物镜（phase contrast objective）、环状光阑（annular diaphragm）、合轴调中望远镜（centering telescope，CT）和绿色滤光片（green filter）。

（1）**相差物镜** 相差物镜是在物镜内的后焦面上加装了由光学玻璃制成的相位板（annular phase plate）。圆形的相位板可分为两部分：共轭面（conjugate area）和补偿面（complementary area）。共轭面通常为环状，其厚度与相位板其他区域不同，可能是凸起的，也可能是凹陷的，是通过直射光的部分。环状共轭面内外两侧的相位板其他区域称为补偿面，是通过衍射光的部分。

相位板的共轭面或补偿面上涂有推迟相位的相位膜，可将直射光或衍射光的相位推迟1/4 波长，造成视场中被检样品结构影像与背景不同的明暗反差。相位板的共轭面还涂有可以吸收光的吸收膜，吸收一部分直射光，使其亮度与衍射光的亮度具有可比性，视场中样品结构影像与背景之间的反差更容易分辨。

因相差物镜内相位板种类或构成的不同，物镜在明暗反差上可区分为两大类，即明反差（B）或负反差（N）物镜和暗反差（D）或正反差（P）物镜。物镜的反差类别，用英文字母 B 或 N 和 D 或 P 标志在物镜外壳上，并兼有高（high，H）、中（medium，M）和低（low，L）等三种不同的反差。同一反差类别的物镜，依放大率的不同，又可分为 10×、20×、40×和 100×等几种，因此相差物镜种类颇多，一套可多达 20 余种。如标志"20×PH"，指的是"20 倍、正反差、反差程度高"；"40×DL"是"40 倍、暗反差、反差程度低"等。

（2）**环状光阑和转盘聚光器** 与普通显微镜使用的可变光阑不同，相差显微镜使用的是环状光阑。环状光阑位于光源与聚光镜之间，是由大小不同的环状通光孔形成的光阑，作用是使透过聚光器的光线形成空心光锥，聚焦到样品上。环状光阑的直径和孔宽是与不同的物镜相匹配的，外面标有 10×、20×、40×、100×等字样，与相对应倍数的物镜配合使用。不同规格的环状光阑装配在一个可旋转的圆盘上，和聚光镜一起构成转盘聚光器（turret condenser）（图 1-9）。

转盘前端朝向使用者一面有标示孔（窗），转盘上的不同部位标有 0、1、2、3、4 或 0、

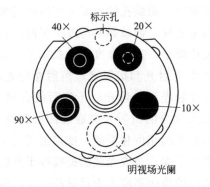

图 1-9　转盘聚光器

10、20、40、100 字样，通过标示窗显现。"0"表示非相差的明视场的普通光阑。1 或 10、2 或 20、3 或 40、4 或 100，是表示与相应放大倍数的相差物镜相匹配的环状光阑的标志。通过手动转入标示窗内之数字，表示该数字所代表的环状光阑已进入光路。

（3）合轴调中望远镜　合轴调中望远镜又名合轴调中目镜，其直径与普通的观察目镜相同，但是其镜筒较长，具有较长焦距。它仅在为环状光阑的环孔（亮环）与相差物镜相位板的共轭面环孔（暗环，因为涂有吸光物质）的调中合轴与调焦时使用。相差显微镜使用时，环状光阑的环孔与相差物镜相位板共轭面的环孔在光路中要准确合轴，并完全吻合或重叠以保证直射光和衍射光各行其路，使成像光线的相位差转变为可见的振幅差。但是，显微镜光路中环状光阑和相位板共轭面两环的影像较小，一般目镜难以辨清，无法进行调焦与合轴的操作，故需借助合轴调中望远镜才能实现。

（4）绿色滤光片　相差物镜多属于一般消色差物镜（achromatic objective），其清晰范围的光谱区为 510～630nm。欲提高相差显微镜的性能，最好以该波长范围内的单色光照明。所以，使用相差物镜时，在光路上加用透射光线波长为 500～600nm 的绿色滤光片，使照明光线中的红光和蓝光被吸收，只透过绿光，可提高物镜的分辨能力。该滤色镜有吸热的作用，也有利于活体观察。

6. 相差显微镜成像原理

相差显微镜的光路图如图 1-10 所示。光线从环状光阑的圆形缝隙射入形成空心环形直射光束，经聚光镜形成空心光锥，聚焦到被检样品上，产生直射光和衍射光两种光波。衍射光的振幅较小，相位滞后。直射光通过相差物镜中相位板的共轭面，衍射光通过补偿面，并相互干涉形成样品结构的像。由于直射光和衍射光两种光波的相位差异不同，造成不同的反差效果，或明反差或暗反差，视所用物镜的相位板类别而定。成像光束由物镜射入目镜，在目镜的视场光阑处再次放大。

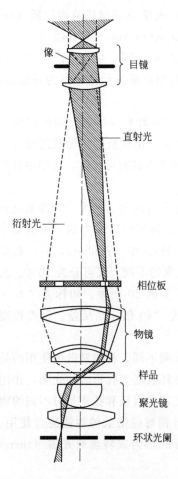

图 1-10　相差显微镜光路图

【实验用品】

1. 实验材料

果蝇三龄幼虫。

2. 实验器具

相差显微镜（相差物镜、转盘聚光器及环状光阑、合轴调中望远镜、绿色滤光片），解剖镜，载玻片，盖玻片，解剖针，滤纸条。

3. 实验试剂

生理盐水（果蝇用，0.75%氯化钠溶液）。

【实验步骤】

相差显微镜的使用比普通光学显微镜要复杂些，但只要按照如下规范进行操作，也不难掌握。

1. 相差装置的安装

相差显微镜区别于普通光学显微镜的装置主要有相差物镜、转盘聚光器、合轴调中望远镜和绿色滤光片四种部件。使用时将这些部件调换安装在同型号的普通光学显微镜上，即成为相差显微镜。

（1）相差物镜的选择与安装：从物镜转换器上拆下普通物镜，装上相差物镜，与普通目镜配套使用。

相差物镜有不同倍率、不同反差类别和反差程度之分。镜检时，要依据被检样品的性质、观察目的的不同，选用不同类别的相差物镜。就某一具体被检样品来说，适于明反差还是暗反差难以定论。通常是用哪一种相差物镜都能得到清晰的像，只是有的物镜更好些而已，因此可任意选择。但有的样品只适于某一种相差物镜。暗反差物镜对习惯于明视场镜检者很适宜。当与染色样品进行比较或进行测定以及加强半透明物体的反差时，多用暗反差；而计算数量或观察物体运动以及研究极小的样品时，多使用明反差。

在相差镜检时，选择最适的相差物镜并非易事，最好的办法是通过各种类型的相差物镜进行实际镜检测定、比较，找出最宜的相差物镜类型。

（2）转盘聚光器的调换安装：旋转聚光器升降螺旋，把普通明视场聚光器降至最低位，旋松固紧螺丝，卸下聚光器。把转盘聚光器安装到相应位置上，转盘聚光器的标示孔朝向操作者；旋紧固紧螺丝，转动聚光器升降螺旋，使聚光器升至最高位置。将环状光阑装在转盘聚光器的支架上。

（3）把绿色滤光片放入镜座的滤色镜架上。

2. 聚光器调中

转盘聚光器调换安装后，要进行合轴调中，使聚光器的光轴与显微镜的主光轴合一。其步骤如下：

（1）把转盘聚光器的环状光阑调至"0"位，明视场照明用的普通可变光阑进入光路。

（2）旋转聚光器升降螺旋，聚光器升至最高位。

（3）接通照明光源，使视场明亮。

（4）把被检样品放到载物台上，用低倍（4×）物镜聚焦。

（5）缩小镜座上的视场光阑开孔，至最小。

（6）从目镜观察，在暗视场中可见一缩小的、明亮的、多角形的视场光阑图像。

（7）转动转盘聚光器的两个调中杆，推动聚光器，把视场中的明亮的多角形的视场光阑图像调至视场中央。

（8）开放视场光阑至视场同大，视两者周边是否完全重合；否则，复用调中螺杆，使聚光器精确调中。

3. 合轴调节

在视场中观察，环状光阑为一亮环，而相位板中有一暗环，互相匹配的亮环与暗环应该大小一致；在使用时两者要合轴，互相重叠。两环的重叠须通过合轴调节方能取得。其方法如下：

（1）相差物镜与环状光阑的匹配：正确地匹配取决于所用物镜放大率。例如，当使用 $40\times$ 相差物镜时，环状光阑转向 3 或 40 位，使相应的环状光阑进入光路。

（2）把合轴调中望远镜（CT）放入目镜筒：从目镜筒取出一个目镜，换入 CT，因为用一般目镜看不到两环的清晰图像。

（3）CT 聚焦：CT 在使用前，眼透镜应处于最低位，即 CT 为最短小的状态。一手固定位于目镜筒中的 CT 镜筒，使其场透镜位置不能上移，另一手逆时针转动 CT 上部可调的眼透镜部分，边旋转边通过 CT 向视场中观察，直至环状光阑的亮环和相位板的暗环都清晰可见。

（4）环状光阑的调中：相位板的暗环是固定不动的，暗环的中心就是显微镜光轴的中心。环状光阑的亮环可调节移动。转盘聚光器环状光阑的位置，因聚光器可调，其中心位置往往偏离光轴轴心，需调整使其归中。环状光阑的调中装置或部件，因厂家或型号的不同而有别。如 OLYMPUS BH-PC 型相差显微镜，环状光阑调中装置为位于转盘聚光器两侧的两个伸缩自如的调中螺杆；而 Nikon FIVOPHOT 型显微镜的相差装置，其环状光阑的调中部件为位于转盘聚光器表面，可向任一方向滑动的环状钮。

通过环状光阑的调中装置，移动亮环，使之与暗环重合。亮环的调中过程始终在通过 CT 的观察下进行。在调节过程中，如亮环比暗环小，并位于暗环内侧时，应降低聚光器位置，使亮环放大。若亮环大于暗环时，应提升聚光器，使亮环缩小；如聚光器已升至最顶端还不能完全重合，可能是载玻片过厚之故。

（5）回装观察目镜：待环状光阑的亮环调中，和相差物镜的暗环重叠后，从目镜筒中取出 CT，放回观察用的目镜，即可开始镜检观察。

4. 果蝇幼虫唾腺细胞装片的制备

在一个洁净的载玻片上滴一滴生理盐水，选择肥大、爬在瓶壁上即将化蛹的果蝇三龄幼虫，或者选择经低温处理的果蝇三龄幼虫置于载玻片上。

每只手各持一个解剖针，在解剖镜下进行操作。果蝇的唾腺位于幼虫前端 1/3～1/4 处，左手持解剖针按压住虫体后端三分之一的部位，固定幼虫，右手持解剖针扎住幼虫头部口器部位，适当用力向外拉，即可得唾腺腺体。唾腺是一对透明的棒状结构，外有白色不透明的脂肪组织。去除幼虫其他组织部分，并把唾腺周围的脂肪剥离干净。盖上干净的盖玻片，并覆一层滤纸，将载玻片放在实验台上，用大拇指适当用力均匀压片，注意不要使盖片滑动。装片的制备完成，准备镜检。

5. 相差显微镜镜检

将10×相差物镜及对应的环状光阑旋入光路，合轴调节。将载玻片及样品置于载物台上，聚焦样品，镜检。如果换用高倍相差物镜观察，需要移入对应的环状光阑，重复以上合轴调节步骤。

在相差显微镜下观察，细胞之内的大而圆粒状的脂肪粒，反光性极强；在核的顶部上方有大量圆形小液泡，反光较弱，形成一个特殊的液泡区；液泡有的呈黑色的颗粒状，有的中部呈灰色。细胞边缘呈黑色环状，线粒体成深灰色；细胞核位于细胞中央，呈圆形，核内巨大染色体明显可见，它紧靠着核膜卷曲而围绕着核仁。染色体上的横纹显著；核仁很大，而且是不均匀的，有的部分较为致密，有的部分较为疏松，形状从圆形到不规则，因细胞的生理状态不同而异，尤其随核仁体积的增大，在核仁内出现很明显的数目不等的核仁小泡。在相差显微镜下，分泌颗粒呈深浅不一的灰色或乳白色的圆形颗粒。

【注意事项】

1. 剥离果蝇唾腺时，一定要加生理盐水，否则唾腺易干；水也不可太多，否则幼虫会漂浮，不便操作；脂肪组织要清除干净；压片时要柔和，用力要均匀。

2. 盖玻片和载玻片的影响：样品一定要盖上盖玻片，否则环状光阑的亮环和相位板的暗环很难重合。相差观察对载玻片和盖玻片的玻璃质量也有较高的要求，当有划痕、厚薄不均时会产生亮环歪斜及相位干扰。另外玻片过厚或过薄时会使环状光阑亮环变大或变小；载玻片厚度在1mm左右，盖玻片以0.17～0.18mm厚度为宜。

3. 合轴调节至关重要，要使环状光阑的亮环与相位板的暗环完全重合，否则直射光或衍射光的光路紊乱，应被吸收的光不能吸收，该推迟相位的光波不能推迟，相位差效果将显著下降，不能充分发挥相差显微镜的性能。

4. 利用绿色滤光片（IF550）进行镜检。

【作业及思考题】

1. 概述环状光阑的亮环与相位板的暗环的合轴调节法。

2. 用明反差与暗反差物镜分别观察同一物体，阐述其物像的区别。

3. 相差显微镜有哪些特有部件，构造如何？

4. 概述明反差与暗反差相位板的构成及其原理。

5. 概述相差显微镜的光路图。

6. 相差显微镜为什么要用绿色滤光片。

7. 为什么相差显微镜可以直接观察活体样品？

实验5

荧光显微镜的使用

【实验目的】

1. 掌握荧光显微镜工作的基本原理及其使用方法。
2. 了解细胞荧光染色的方法。

【实验原理】

1. 荧光（fluorescence）现象

荧光是一种非温度辐射冷光。冷光是指物体在发光过程中产生的热量极少，温度没有明显的升高。根据荧光发生性质可分为光化荧光（由某种光源照射激发产生的荧光）、放射荧光（放射性物质激发）、生物荧光（生物体发出）、化学荧光（如磷氧化时）等。

当光照射到某些原子时，光的能量可能使原子核周围的一些电子由原来的轨道跃迁到能量更高的轨道，即从基态跃迁到第一激发单线态或第二激发单线态等。第一激发单线态或第二激发单线态等是不稳定的，所以会恢复基态。当电子由第一激发单线态恢复到基态时，能量会以光的形式辐射释放，产生荧光。很多荧光物质一旦停止入射光，发光现象也随之立即消失，具有这种性质的出射光就被称为荧光。另外有一些物质在入射光撤去后仍能较长时间发光，且这种光比荧光的波长更长，称为磷光。那些所谓的"在黑暗中发光"的材料通常都是磷光性材料。在日常生活中，人们通常广义地把各种微弱的光亮都称为荧光，而不去仔细区分其发光原理。

大多数情况下，荧光比吸收光的能量更低，波长更长。通常用紫外线做光源，激发产生可见波段荧光，我们生活中的荧光灯就是这个原理：灯管中汞蒸气发射紫外线，照射到涂在灯管上的荧光粉，使其发出肉眼可见的光。但是，当吸收强度较大时，可能发生双光子吸收现象，导致辐射波长短于吸收波长的情况发生。当辐射波长与吸收波长相等时，即是共振荧光。

荧光现象可分为一次荧光现象和二次荧光现象。一次荧光现象又称"固有荧光"或"自发荧光"，是指某些物质经照射后，就能发出荧光；此类物质的化学特征是发光分子具有共轭双键，π电子活动性大。二次荧光现象，又称"继发荧光"，是指有些物质自身经照射后不能发射荧光，或只能发生微弱的荧光，这样的物质需要先用荧光色素（或称荧光染料）标记处理，将荧光色素结合到不发光的分子上，再经照射才能发生荧光。荧光色素应具备的基本条件是能与不发光分子的某个区域有特异性的牢固结合，同时不会影响被结合分子的结构和特性。

不同的荧光物质或荧光色素有其自身最敏感而有效的激发波长，因此选择合适的激发光谱，才能获得最佳的荧光质量。

2. 荧光显微镜的工作原理

荧光显微镜（fluorescence microscope）（图 1-11）是利用能量较高、波长较短的激发光照射被检样品，使其产生波长较长、肉眼可见的荧光，受激发产生的荧光通过物镜和目镜系统放大成像，从而可以分辨和观察样品中产生荧光的成分、结构及其分布位置。细胞中有些物质，如叶绿素等，受紫外线照射后可发出较强的自发荧光；但细胞内的大多数成分的自发荧光都很微弱，甚至不能被激发荧光，它们需要先进行荧光色素标记，然后经紫外线照射才可以发出荧光（继发荧光），荧光显微镜是对这些物质进行定性和定位研究的重要工具之一。

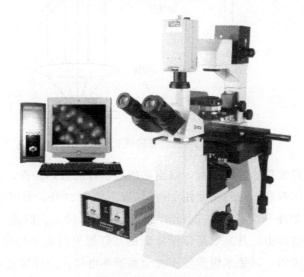

图 1-11 荧光显微镜

利用荧光色素进行标记的技术包括荧光色素直接标记技术和免疫荧光技术等。如荧光色素吖啶橙，可直接与核酸相结合：与 DNA 结合量少，发黄绿色荧光；与 RNA 结合量多，发橙黄色或橙红色荧光。又如，绿色荧光蛋白（green fluorescent protein，GFP）可以被激发产生绿色荧光；把 GFP 的基因与某靶蛋白的基因相融合，有可能表达出融合蛋白，利用荧光显微镜，就可以观察到细胞中该靶蛋白的动态变化。不同荧光色素被激发出的荧光波长不同，用两种或两种以上的荧光素标记同一个样品中的不同成分，就可以同时观察不同成分在细胞中的分布情况。

荧光显微镜工作的光路原理如图 1-12 所示。

荧光显微镜也是光学显微镜的一种，主要由光源、滤光片系统和光学系统等部件组成。

（1）光源 荧光显微镜多采用超高压汞灯作光源。超高压汞灯用石英玻璃制作，中间呈球形，内充一定数量的汞，工作时由两个电极间放电，引起水银蒸发，球内气压迅速升高，当水银完全蒸发时，可达 50～70atm❶，这一过程一般约需 5～15min。超高压汞灯的发光是电极间放电使水银分子不断解离和还原过程中发射光量子的结果。它发射很强的紫外和蓝紫光，足以激发各类荧光物质，因此，荧光显微镜普遍采用超高压汞灯作为激发光源。

---

❶ 1atm＝101325Pa。

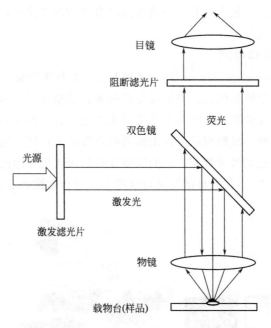

图 1-12　荧光显微镜工作原理

　　超高压汞灯也散发大量热能，因此，灯室必须有良好的散热条件，工作环境温度不宜太高。超高压汞灯的平均寿命，在每次使用 2h 的情况下约为 200h，每开动一次后工作的时间越短，则寿命愈短，如开一次只工作 20min，则寿命降低 50%。因此，使用时尽量减少启动次数。灯泡在使用过程中，其光效是逐渐降低的。灯熄灭后要等待冷却后才能重新启动。点燃灯泡后不可立即关闭，以免水银蒸发不完全而损坏电极，一般需要等 15min。由于超高压汞灯压力很高，紫外线强烈，因此灯泡必须置灯室中方可点燃，以免伤害眼睛和发生爆炸。

　　我国研制的一种简易轻便型高色温溴钨荧光光源装置，体积小，质量轻，功率小，交、直流两用（自带直流电源），易于携带，使用方便，也已推广应用。

　　（2）反光镜　在荧光显微镜激发光源后面安装有反光镜，可以将照射到光源后面的光线反射回激发光路中，增加激发光的强度。反光镜的反光层一般是镀铝的，因为铝对紫外线和可见光的蓝紫区吸收少，反射达 90% 以上，而银的反射只有 70%。一般使用平面或凹面反光镜。

　　（3）聚光器　在荧光显微镜激发光源的前面安装有用石英玻璃或其他透紫外线的玻璃制成的聚光透镜。聚光器可以分为明视野聚光器、暗视野聚光器、相差荧光聚光器等不同类型。明视野聚光器适于低、中倍放大的观察；暗视野聚光器提高了图像的质量，观察舒适，可发现亮视野难以分辨的细微荧光颗粒；相差荧光聚光器与相差物镜配合使用，可同时进行相差和荧光联合观察，既能看到荧光图像，又能看到相差图像，有助于荧光的准确定位。

　　（4）滤色系统　荧光显微镜的滤色系统由激发滤光片和阻断滤光片组成。滤光片一般都以基本色调命名，前面字母代表色调，后面字母代表玻璃，数字代表型号特点。滤光片型号，各厂家名称常不统一。如德国产品（Schott）BG12，就是种蓝色玻璃，B 是蓝色的第一个字母，G 是玻璃的第一个字母。我国产品的名称已统一用拼音字母表示，如相当于 BG12

的蓝色滤光片名为 QB24，Q 是青色（蓝色）拼音的第一个字母，B 是玻璃拼音的第一个字母。不过有的滤光片也可以透光分界波长命名，如 K530，就是表示阻断波长 530nm 以下的光而透过 530nm 以上的光。还有的厂家的滤光片完全以数字命名，如美国 Corning 厂的 NO：5-58，即相当于 BG12。

1）激发滤光片　激发滤光片安装在激发光源和样品台之间，作用是对激发光源发出的光进行过滤，只允许特定波长范围的光透过，照射到样品上。荧光显微镜是利用光致荧光的原理，利用一定波长的光激发样品内的荧光物质，使之发射荧光并成像。由于不同荧光物质的最佳激发光谱不同，只有给样品供给特定波长范围的激发光才能获得高质量的荧光图像。所以，需要在激发光源和显微镜的光路之间安装激发滤光片。

根据光源和荧光色素的特点，可选用以下某一类激发滤光片，提供一定波长范围的激发光。

① 紫外线激发滤光片：可使 400nm 以下的紫外线透过，阻挡 400nm 以上的可见光通过。常用型号为 UG-1 或 UG-5，外加一块 BG-38，以除去红色尾波。

② 紫外蓝光激发滤光片：此滤光片可使 300～450nm 范围内的光通过。常用型号为 ZB-2 或 ZB-3，外加 BG-38。

③ 紫蓝光激发滤光片：它可使 350～490nm 的光通过。常用型号为 QB24（BG12）。

最大吸收峰在 500nm 以上者的荧光素（如罗达明色素），可用蓝绿激发滤光片（如 B-7）。

激发滤光片分薄厚两种，一般暗视野选用薄滤光片，亮视野荧光显微镜可选用厚一些的。选择的基本要求是以获得最明亮的荧光和最好的背景为准。

2）阻断滤光片　阻断滤光片位于物镜和目镜之间，作用是只允许特定波长范围的荧光透过成像，阻挡其他可见光及激发光。阻断滤光片与激发滤光片相对应配合使用。常用的有以下 3 种阻断滤光片。

① 紫外线阻断滤光片：允许可见光通过，阻挡紫外线；能与 UG-1 或 UG-5 组合。

② 紫外紫光阻断滤光片：允许波长大于 460nm 的光（蓝到红）通过，阻断紫外线和紫光；可与 BG-3 组合。

③ 紫蓝光阻断滤光片：允许波长 510nm 以上的光（绿到红）通过，阻断蓝光、紫光和紫外线；可与 BG-12 组合。

（5）物镜　各种物镜均可使用，但最好用消色差的物镜，因其自体荧光极其微弱，且适合于荧光（波长范围）透过。由于图像在显微镜视野中的荧光亮度与物镜镜口率的平方成正比，而与其放大倍数成反比，所以为了提高荧光图像的亮度，应使用镜口率大的物镜；尤其在高倍放大时，其影响非常明显。因此对荧光不够强的样品，应使用镜口率大的物镜，配合以尽可能低倍的目镜（4×、5×、6.3× 等）。

（6）目镜　在荧光显微镜中多用低倍目镜，如 5× 和 6.3×。过去多用单筒目镜，因为其亮度比双筒目镜高，但研究型荧光显微镜多用双筒目镜，观察方便。

（7）落射光装置　新型的荧光显微镜多采用落射光装置，称为落射荧光显微镜。在落射荧光显微镜中，从光源来的激发光倾斜（45°）照射到双色镜后，波长短的部分（紫外和紫蓝）可被反射进入物镜，经物镜射向样品，使样品受到激发，这时物镜直接起聚光器的作用；同时，激发光中波长较长的部分（绿、黄、红等）可以透过双色镜，而不向物镜-样品方向反射，所以双色镜同时起了激发滤光片作用。由于样品的荧光位于可见光长波区，可透过滤镜而到达目镜被观测到。它除具有透射式光源的功能外，更适用于不透明及半透明样品，如厚片、滤膜、菌落、组织培养样品等的直接观察。

（8）CCD（charge-coupled device，电荷偶联元件）　荧光显微 CCD 是与荧光显微镜密切相关的数码摄像产品，一方面它可以将荧光显微镜拍摄的显微摄影产品通过 usb 接口传输到电脑中，便于图像的采集研究；另一方面，通过荧光显微镜 CCD 可以拍摄到比单纯使用荧光显微镜效果更好的图片。荧光显微镜 CCD 可以连接荧光显微镜组成显微成像系统。

一般情况下，单独使用荧光显微镜即可以达到我们想要的成像效果。但在某些情况下，比如说当荧光比较微弱的情况下，仅仅通过荧光显微镜并不能达到理想的拍摄效果，而荧光显微镜 CCD 具有良好的弱光捕捉能力，能够捕捉到极其微弱的荧光，成像能力好；或者我们希望可以将拍摄的荧光图片上传电脑上预览，修改，甚至发表学术论文，这时候没有荧光显微镜 CCD 是不能达到要求的。

【实验用品】

1. 实验材料
青蛙。

2. 实验器具
荧光显微镜，无荧光镜油，载玻片，盖玻片，平皿，擦镜纸，注射器，解剖针，解剖刀，解剖剪。

3. 实验试剂
甲醇，0.01％吖啶橙水溶液，2％乙醇，生理盐水（0.65％ NaCl 溶液），2％醋酸，柳硫汞，荧光染色液（25μg 吖啶橙＋2％醋酸 100ml＋0.01g 柳硫汞）。

【实验步骤】

1. 蛙血细胞涂片吖啶橙染色样品的制备
（1）用解剖针双毁髓法处死青蛙。
（2）打开胸腔，用注射器从青蛙心室取血放平皿（加抗凝剂）。取一滴蛙血滴在载玻片的一端，用另一干净载玻片从前方接近血滴，使血液沿推片边缘展开成适当的宽度，立即将推片与载玻片呈 30～45°角，轻压推片边缘将血液推制成厚薄适宜的血涂片，血涂片应呈舌状。将推好的血涂片在空气中晃动，使其迅速干燥；天气寒冷或潮湿时，应于 37℃温箱中保温促干，以免细胞变形缩小。
（3）蛙血涂片用甲醇固定 10min。
（4）蛙血涂片于 0.01％吖啶橙水溶液中染色 3～5min，水洗，干燥，备检。

2. 蛙肝细胞涂片核酸荧光快速染色（Riva，Tumer，1962）**样品的制备**
常规方法制取蛙肝细胞涂片，于荧光染色液内染色 5s，然后用 2％乙醇分色 2s，再用生理盐水冲洗、封片，备检。

3. 激发光源预热
应在暗室中使用荧光显微镜。进入暗室后，打开电源，点燃超高压汞灯，等待 15min，超高压汞灯要预热 15min 才能达到最亮点并稳定下来。

4. 安装滤色装置

透射式荧光显微镜需在光源与暗视野聚光器之间装上所要求的激发滤光片，在物镜的后面装上相应的阻断滤光片。落射式荧光显微镜需在光路的插槽中插入所要求的激发滤光片、双色镜和阻断滤光片，阻断滤光片应与激发滤光片配合使用。

5. 光路调中

用低倍镜观察，根据不同型号荧光显微镜的调节装置，调整使光斑位于整个视野的中央。

6. 镜检与拍照

将样品放在载物台上，调焦后即可观察。根据需要，进行拍照或 CCD 图像采集。

7. 观察结果

（1）蛙血涂片：细胞质呈橙色，细胞核呈暗绿色，血浆呈绿色。

（2）蛙肝涂片：细胞核 DNA 呈黄绿色；细胞质及核仁 RNA 呈橙黄-橙红色。

【注意事项】

1. 严格按照荧光显微镜出厂说明书的要求进行操作，不要随意改变程序。

2. 因照明光源含有紫外线，在载物台前上方放一块棕色遮光板，以防紫外线损伤；应避免眼睛直视紫外光源，防止紫外线对眼睛的损害，所以在调整光源时应戴上防护眼镜。

3. 未装滤光片不要用眼直接观察，以免引起眼的损伤。

4. 用油镜观察样品时，需要使用无荧光的特殊镜油（如纯檀香油），尤其是在 U、V 激发时，因常规镜检用的香柏油带有青色荧光。无荧光镜油也可用纯甘油盐水缓冲液（分析纯甘油 9 份＋pH 7.1～8.6 磷酸缓冲液 1 份）或液体石蜡代替，但液体石蜡折射率较低，对图像质量略有影响。

5. 荧光显微镜光源寿命有限，样品应集中检查，以节省时间，保护光源。超高压汞灯打开 15min 后才可关闭；超过 90min，超高压汞灯发光强度逐渐下降，荧光减弱。汞灯关闭后不能立即重新打开，需待汞灯完全冷却（20～30min）后才能再启动，否则会不稳定，影响汞灯寿命。天热时，应加电扇帮助汞灯散热降温。

6. 样品染色后立即观察，因时间久了荧光会逐渐减弱。若将样品放在聚乙烯塑料袋中 4℃保存，可延缓荧光减弱时间，防止封裱剂蒸发。

7. 激发光长时间照射样品，会使荧光衰减和消失，如紫外线照射 3～5min 后，荧光就明显减弱，故应尽可能缩短激发光照射时间。为防止在调焦和寻找物像过程中过度激发光照射造成的样品荧光衰减，最好先通过缩小荧光照明器的孔径光阑或加 ND 滤光片将激发光调节到适度强度；移动样品台，待确定镜像后，再调节到最佳荧光状态用于拍摄记录。

8. 在不影响分辨率的前提下，于照相取景框和 CCD 靶面范围之外，可尽量回缩荧光光路视场光阑和物镜（100×物镜）的数值孔径光阑调节环，以避免杂散光的影响，提高景深，并可减小激发面积，防止附加样品猝灭。

9. 激发光源的电源应安装稳压器，电压不稳会降低超高压汞灯的使用寿命。

10. 荧光显微镜的样品制作要求

（1）载玻片　载玻片厚度应在 0.8～1.2mm 之间，太厚的玻片，一方面光吸收多，另一方面不能使激发光在样品上聚集。载玻片必须光洁，厚度均匀，无明显自发荧光。有时需用石英玻璃载玻片。

（2）盖玻片　盖玻片厚度在 0.17mm 左右，光洁。为了加强激发光，也可用干涉盖玻片，这是一种特制的表面镀有若干层对不同波长的光起到不同干涉作用的物质（如氟化镁）的盖玻片，它可以使荧光顺利通过，而反射激发光，这种反射的激发光可激发样品。

（3）样品　组织切片或其他样品不能太厚，若太厚激发光大部分消耗在样品下部，而物镜直接观察到的上部不充分激发。另外，细胞重叠或杂质掩盖，影响判断。

（4）封裱剂　封裱剂常用甘油，必须无自发荧光，无色透明，荧光的亮度在 pH 8.5～9.5 时较亮，不易很快褪去。

11. 荧光照相和数字 CCD 相机图像采集

（1）荧光照相

① 尽管肉眼观察荧光镜像亮度与普通明场相差无几，而实际上曝光时间要增加数倍甚至几十倍，应使用快速感光胶片，如 ISO200（24DIN）、ISO400（27DIN）。

② 根据荧光物像在测光区的分布比例和镜像的明暗程度设置曝光补偿调节，原则上适当增补偿，以获得背景黑暗荧光图像明亮、鲜艳的照片效果。

③ 如果没有照明标线取景器，可先选择较明亮的荧光区域进行对焦调整。

④ 对点状荧光物像或捕捉某点为主的拍摄，可选择适当的点测光模式。

⑤ 对在同一幅需要同样条件拍摄的分散点状荧光物像，可试用点测光配合自动锁定方式拍摄。

⑥ 曝光过程应避免任何震动，有条件可配置防震台。

（2）数字 CCD 相机图像采集

① 光学接口的中间倍率要与 CCD 的芯片尺寸合理匹配。

② 采用合适的荧光拍摄模式，摸索减背景（background subtraction）处理条件，根据镜像情况设置 Binning、Gain、Gamma 等参数。

③ 因 CCD 芯片灵敏度较高，如果荧光镜像过于明亮，为获取对比度较好的采集图像，可适当缩小荧光照明器孔径光阑或加 ND 滤光片，特别是在荧光辉光较强影响拍摄样品细节的情况时。

【作业及思考题】

1. 简述荧光显微镜的主要构造及工作原理。

2. 描述并解释荧光显微镜下蛙血细胞、蛙肝细胞的显微结构的荧光分布。

实验 6

激光扫描共焦显微镜

【实验目的】

1. 观察花粉萌发过程中花粉及花粉管中微丝结构的变化。
2. 学习激光扫描共焦显微镜的工作原理及使用方法。

【实验原理】

1. 激光扫描共焦显微镜（laser scanning confocal microscope，LSCM）**的发明**

普通荧光显微镜使用荧光染料标记细胞中的特定成分或结构，并通过采用暗视野方式，增强了图像与背景的对比度；而且由于许多荧光显微镜的激发光源使用短波长的紫外线，提高了分辨率（$\delta = 0.61 \dfrac{\lambda}{NA}$，其中 δ 为显微镜的分辨率；λ 为照明光线的波长；NA 为物镜的数值孔径）。但是当观察的样品较厚，且各个层次的不同结构都有荧光标记时，来自不同层次的荧光会使观察到的图像重叠、模糊，反差减小，使荧光显微镜的光学分辨率大大降低。

激光扫描共焦显微镜在普通荧光显微镜的基础上加装了激光扫描共焦成像装置，使用激光（紫外或可见激光）作为光源，极大地提高了图像的分辨率。激光的理论基础起源于物理学家爱因斯坦，1917 年爱因斯坦指出，在组成物质的原子中，有不同数量的粒子（电子）分布在不同的能级上，在高能级上的粒子受到某种光子的激发，会从高能级跃迁到低能级上，并辐射出与激发它的光相同性质的光，而且在某种状态下，能出现一个弱光激发出一个强光的现象，这个过程叫做"受激辐射的光放大（light amplification by stimulated emission of radiation，LASER）"，简称激光。激光中的光子光学特性高度一致，这使得激光比普通光源单色性好，亮度高，方向性好，几乎不发散。1960 年，第一台激光发射器诞生。

20 世纪 50 年代，哈佛大学博士后 Marvin Minsky 首先提出了扫描共焦显微镜的概念。但直到 20 世纪 80 年代以后，随着更强、更稳定的激光光源的应用，以及计算机计算能力的提高，LSCM 才得以问世。LSCM 利用免疫荧光标记和离子荧光标记探针，不仅可观察固定的细胞、组织切片，还可以对活细胞的结构、分子、离子及生命活动进行实时动态观察和检测，在亚细胞水平上观察诸如钙离子、pH 值、膜电位等生理信号及细胞形态的变化，成为生物学及医学诸多领域中强有力的研究工具。

2. LSCM 的工作原理

LSCM 采用共轭聚焦原理和装置，通过对样品进行分层扫描，并利用计算机对收集到的图像信号进行数字处理、分析和输出，可以无损伤观察和分析细胞的三维空间结构。

LSCM 采用激光束作光源，激光束经照明针孔形成点光源，经由双色镜反射至物镜

（也是扫描激光的聚光镜），并聚焦于样品结构某一点上（物镜焦点处）。样品中如果有可被激发的荧光物质，受到激发后发出的荧光经原来入射光路反向回到双色镜，透过双色镜，经成像透镜聚焦到位于成像透镜焦点处的检测针孔，聚焦后的荧光被光电倍增管（PMT）检测收集，并将信号输送到计算机，处理后在计算机显示器上显示图像（光路图见图1-13）。

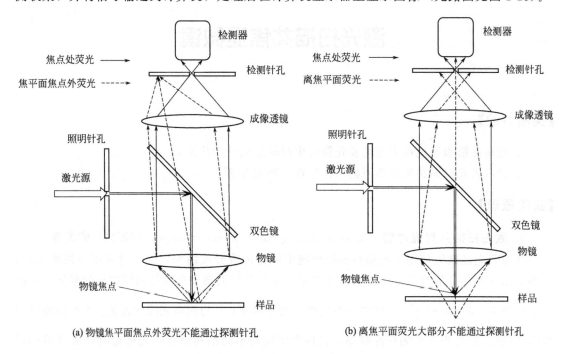

(a) 物镜焦平面焦点外荧光不能通过探测针孔　　　　(b) 离焦平面荧光大部分不能通过探测针孔

图 1-13　激光扫描共焦显微镜成像光路图

在这个光路中，对位于物镜焦点处样品结构发出的荧光在针孔处可以得到很好的会聚，可以全部通过针孔，被检测器接收；而物镜焦平面焦点以外区域射来的光线在检测针孔平面是离焦的，不能通过针孔［图1-13(a)］。因此，非观察点的背景呈黑色，反差增加，成像清晰。另外，在焦平面上下位置（离焦平面）发出的光在针孔处会产生直径很大的光斑，而检测针孔的直径很小，所以只有极少部分的光可以透过针孔被检测器接收［图1-13(b)］；而且距离物镜焦平面的距离越大，样品所产生的杂散光在针孔处的弥散斑就越大，能透过针孔的荧光的比例（一般小于10%）就越少，因而在检测器上产生的信号就越小，对观察点结构影像的干扰也就越小。

利用激光扫描装置，对位于物镜焦平面的样品结构进行快速逐点扫描，由检测器收集每一个点上的荧光信息，经计算机处理即可获得样品结构的二维图像。图像信息的采集被控制在精确的平面内，而不会被位于标本上其他位置发出的信号干扰。在去除背景荧光影响和增加信噪比后，LSCM图像的分辨率比普通荧光显微镜的图像提高了1.4～1.7倍。

改变LSCM观察的焦平面，可以获得样品不同断面的结构图像，即"光学切片"。光学切片的厚度约为0.5～1.5μm。系列光学切片图像可以通过精确的显微镜Z轴步进马达上下移动样品获得。这种"光学切片"结构经计算机叠加处理，可以重构样品内部的三维空间结构。所以，LSCM可以对较厚（可以达到50μm）生物样品的内部三维结构进行无损伤观察。

3. LSCM 的构造

LSCM 的构造主要包括激光光源、显微光学系统、扫描装置、检测器和计算机控制系统（包括数据采集、处理、转换、应用软件等）。

（1）激光光源　不同激光器可以提供不同波长的激光光源。如 Ar 激光器，它提供发射波长为 458nm、476nm、488nm 和 514nm 的蓝绿光；GreNe 激光器可提供发射波长为 543nm 的绿光；HeNe 激光器可提供波长为 633nm 的红光；N 激光器可发射波长为 316nm、337nm 和 358nm 的紫外激光。激光光源还可以用其他半导体激光器。

（2）显微光学系统　显微镜是系统成像的核心组件。显微镜光路一般采用无限远光学系统结构，可以方便地在其中插入光学元件而不影响成像质量和测量精度。物镜应选取大数值孔径、平场复消色差物镜，有利于荧光的采集和成像的清晰。物镜组的转换、滤光片组的选取、载物台的移动调节、焦平面的记忆锁定等都可以由计算机自动控制。

（3）扫描装置　扫描装置是激光共聚焦检测系统进行大范围检测必需的组件，通常有由丝杠导轨组成的 XY 平移扫描、由振镜摆动的扫描等方式。前者扫描方式可以实现大范围区域的扫描，而后者扫描范围相对小一些，不过振镜摆动扫描可以很快，图像采集速度可以大大提高，有利于对那些寿命短的离子做荧光测定。扫描系统的工作程序由计算机自动控制，与信号采集相对应。

（4）检测器　检测器通常采用光电倍增管（PMT）、光子计数器等，通过高速 A/D 转换器，将信号输入计算机以便进行图像重建和分析处理。通常在 PMT 前设置针孔，可以采用固定大小针孔或由计算机软件来控制的可变大小针孔。如果是检测荧光，光路中还应该设置能自动切换的滤光片组，满足不同测量的需要；也可以采用光栅或棱镜分光，然后进行光谱扫描。

（5）计算机控制系统　整套仪器由计算机控制，各部件之间的操作切换都可在计算机操作平台界面中方便灵活地进行。应用软件可以根据具体需要设置各种功能，但有一点是共同的，就是将扫描位置坐标与检测器接收的信号一一对应起来，并以图像的方式进行储存与显示。

4. LSCM 的发展

LSCM 从产生至今获得了巨大的发展，扫描方式从最初的狭缝扫描方式（扫描速度较快，图像分辨率不高），到阶梯式扫描技术（提高了图像分辨率，标本制备要求太高），再到驱动式光束扫描器（扫描速度较快，符合共聚焦原理）。另外，LSCM 的光源设计和分光采集技术也有较大的改进，主要集中在如下几个方面：

（1）现代的 LSCM 可以根据研究需要选择不同的激光器。选择激光光源时，一方面要满足研究工作对波长的需求，另一个方面要考虑到激光光源的寿命。

（2）新一代 LSCM 可以用棱镜狭缝分光的新技术，配上合适的激光源后，能够摆脱传统的波长滤片组的限制，连续和自由地选择最佳波长。

（3）用于 LSCM 的物镜也有了较大的改进，不但具有平场复消色差特性，而且能与高速扫描功能相匹配。

LSCM 发展至今又产生了新的类型，如针孔阵列盘式激光共聚焦显微镜和双光子共聚焦显微镜。

（1）针孔阵列盘式激光共聚焦显微镜　针孔阵列盘式激光共聚焦显微镜是为了解决快速

变化过程的共聚焦检测问题而提出的，其核心是双碟片专利技术，由日本 Yokogawa Electric 公司发明，包括微透镜阵列碟片与针孔阵列碟片同步旋转。

与常规激光共聚焦方法不同，针孔阵列盘式激光共聚焦显微镜采用 CCD 作为检测器，无需载物台进行扫描运动，只要微透镜阵列碟片与针孔阵列碟片同步旋转，就可以对物体进行快速共焦检测，最高全幅采集帧速度达到 1000 帧/s，是活细胞在体荧光成像的重要工具。

（2）双光子共聚焦显微镜　双光子共聚焦显微镜是为了解决生物检测中样品染料标记的光漂白现象而提出的，因为共焦孔径光阑必须足够小以获得高分辨率的图像，而孔径小又会挡掉很大部分从样品发出的荧光，包括从焦平面发出的荧光，这样就要求激发光必须足够强以获得足够的信噪比；而高强度的激光会使荧光染料在连续扫描过程中迅速褪色（即光漂白现象），荧光信号会随着扫描的进行变得越来越弱。除此之外，还有光毒作用问题，在激光照射下，许多荧光染料分子会产生诸如单态氧或自由基等细胞毒素，所以实验中要限制扫描时间和激发光的光功率密度以保持样品的活性。针对活性样品的研究，尤其是活性样品生长、发育过程的各个阶段，光漂白和光毒现象将使这些研究受到很大的限制。

双光子激发的基本原理是：在高光子密度的情况下，荧光分子可以同时吸收 2 个较低能量（即更长的波长）的光子，在经过一个很短的所谓激发态寿命的时间后，发射出一个波长较短的光子，其效果和使用一个能量较高（即波长为长波长一半）的光子去激发荧光分子是相同的。双光子激发需要很高的光子密度，为了不损伤细胞，双光子显微镜使用高能量锁模脉冲激光器。这种激光器发出的激光具有很高的峰值能量和很低的平均能量，其脉冲宽度只有 100fs，而其周期可以达到 80～100MHz。在使用高数值孔径的物镜将脉冲激光的光子聚焦时，物镜的焦点处的光子密度是最高的，双光子激发只发生在物镜的焦点上，所以双光子共聚焦显微镜不需要共聚焦针孔，提高了荧光检测效率。

双光子共聚焦显微镜有很多优点：①长波长的光比短波长的光受散射影响较小，容易穿透标本；②焦平面外的荧光分子不被激发，使更多的激发光穿透更厚的样品，到达焦平面；③长波长的近红外光比短波长的光对细胞毒性小；④使用双光子共聚焦显微镜观察标本的时候，只有在焦平面上才有光漂白和光毒性。所以，双光子共聚焦显微镜比普通共聚焦显微镜更适合用来观察厚标本、活细胞，或用来进行定点光漂白实验。

【实验用品】

1. 实验材料
植物花粉（狗尾草、月见草花粉等）。

2. 实验器具
激光扫描共焦显微镜，往复振荡摇床，恒温培养箱，培养皿（6cm），载玻片，盖玻片，胶头滴管，微量移液器。

3. 实验试剂
（1）N6 培养液（参见附录）。

（2）0.1mol/L 磷酸钾缓冲液（pH 7.2）（参见附录）。

（3）鬼笔环肽（Phalloidin）。

（4）TRITC Phalloidin（四甲基异硫氰酸罗丹明标记的鬼笔环肽）。

（5）荧光染色液。

磷酸钾缓冲液(pH 7.2)	0.1mol/L
EGTA[乙二醇双(2-氨基乙基醚)四乙酸]	5mmol/L
TRITC Phalloidin	2μmol/L
DMSO(二甲基亚砜)	5%

【实验步骤】

1. 花粉萌发

在培养皿（6ml）中加入5ml N6培养液，将待检植物花粉放在培养液表面。恒温28℃下往复振荡（90次/min）培养2h。

2. 样品制备

每隔20min取花粉萌发液一次，滴在载玻片上，吸去多余培养液。样品分成两组：处理组滴加荧光染色液20ml，避光染色30min；对照组先用5μmol/L鬼笔环肽处理1h，再用荧光染色液染色30min，备检。

3. 镜检

样品先用荧光显微镜初检，再用LSCM分层扫描观察。

【注意事项】

1. 实验室要求

（1）保持实验室电源电压稳定。

（2）保持实验室温度相对稳定（21℃±1℃）。

（3）注意防尘，实验室应保持清洁、干燥、远离辐射源。

（4）室内具有遮光系统，防止荧光样品被外源光漂白。

2. LSCM 操作

（1）严格按照所使用的LSCM的说明书进行操作，不能随意改变程序，避免因使用不当造成损坏。

（2）注意激光管的保护，打开后需预热约半小时方可使用。

（3）扫描后的图像及数据严禁用U盘拷贝，以防病毒侵入激光共聚焦显微镜系统。

（4）激光越强时图像的信噪比越好，但样品的荧光也更容易被猝灭，所以激光强度选择要适当，且尽量缩短观察时间。

（5）检测针孔越大，进入光检测器的信号越多，图像亮度越高，但干扰信号也越多，信噪比降低。所以，在实际操作过程中，要在保证图像亮度的情况下，检测针孔光阑开得尽量小。

（6）扫描速度越慢，图像信噪比越好，但光漂白的影响也越大，所以通常选择标准扫描速度，并根据实际情况进行调整。

（7）为了避免串色，对多种荧光染料标记的样品可以进行序列扫描，也就是分别用不同荧光染料需要的激发光来扫描，获得各自的荧光图像。

3. 样品制备

（1）样品来源若为组织，应采用冰冻切片，可以减少非特异性的荧光信号；来源若为培养的细胞，可采用贴壁培养或悬浮培养。

（2）载玻片厚度1.0～1.2mm，盖玻片厚度0.13～0.17mm，厚度均匀，光洁，无干扰荧光。

（3）样品制备完成后应用封片剂封片。封片剂可防止样品荧光褪色、干燥及盖玻片脱落。如果临时封片可以用甘油：PBS＝1：1封片；永久封片可采用Mowiol［2.4g Mowiol＋6g甘油＋6ml去离子水＋12ml三羟甲基氨基甲烷（Tris）］封固。

【作业及思考题】

1. 简述LSCM的工作原理。

2. 描绘LSCM下植物花粉萌发过程中，花粉及花粉管内微丝结构的变化。

3. LSCM的使用有哪些局限性？有何可能的解决方案？

实验7

透射电子显微镜样品制备与观察

【实验目的】

1. 了解透射电子显微镜的工作原理。
2. 学习超薄切片的制备技术。
3. 掌握用透射电子显微镜观察植物细胞超微结构的方法。

【实验原理】

1. 透射电子显微镜（transmission electron microscope，TEM）**的发明**

显微镜的分辨率是指能够分辨的两个质点之间的最小距离，其值与光源的波长成正比，波长越小，分辨率的值就越小，分辨率越高。普通光学显微镜以可见光作光源，分辨率的极限（分辨本领）约为 $0.2\mu m$，所以在光学显微镜下无法看清小于 $0.2\mu m$ 的细微结构。要想看清这些结构，就必须选择波长更短的光源，以提高显微镜的分辨率。

1932 年，德国科学家 E. Ruska 发明了以波长更短的高速电子束为光源的 TEM，大大提高了显微镜的分辨率，并因此获得了 1986 年的诺贝尔物理学奖。电子束的波长与发射电子束的加速电压的平方根成反比，当加速电压为 50～100kV 时，电子束波长约为 0.0053～0.0037nm，而可见光的波长范围约为 380～770nm。目前 TEM 的分辨本领可达 0.2nm。细胞中借助于 TEM 才能分辨的细微结构称为亚显微结构或超微结构。

人眼的分辨率一般为 0.2mm，光学显微镜的分辨率为 $0.2\mu m$ 左右，其放大倍数为 $0.2mm/0.2\mu m$，即 1000 倍；而电子显微镜的分辨率可达 0.2nm，其放大倍数为 10^6 倍。上述放大倍数称为有效放大倍数。如果通过光学手段继续放大，并不能得到更多有意义的信息，因此称为"空放大"。

TEM 的分辨本领是指在理想状态下的分辨率；而在实际情况下，电镜的分辨率常常受到样品制备技术的限制。如在超薄切片样品中，TEM 的分辨率约为超薄切片厚度的 1/10，超薄切片厚度一般为 40～50nm，所以 TEM 的实际分辨率约为 4～5nm，远低于其分辨本领 0.2nm。

2. TEM 的成像原理

由电子枪发射出来的电子束，在真空通道中沿着镜体光轴高速运行，通过聚光镜会聚后，照射在样品室内的样品上，透过样品后的电子束携带有样品内部的结构信息，这些信息被用于分析成像。其进一步的成像原理可分为三种情况：

（1）衍射像：电子束被样品衍射后，样品不同位置的衍射波振幅分布对应于样品中晶体各部分不同的衍射能力，当出现晶体缺陷时，缺陷部分的衍射能力与完整区域不同，从而使衍射波的振幅分布不均匀，反映出晶体缺陷的分布。

（2）相位像：当样品薄至 10nm 以下时，电子可以穿过样品，电子束的振幅变化可以忽略，成像来自相位的变化。这种原理常用于高分辨率透射电子显微镜观察。

（3）吸收像：当电子射到厚度较大的样品时，主要的成像作用是散射作用。样品上密度大的地方对电子的散射角大，通过的电子较少，像的亮度较暗；密度小的地方透过的电子量较多，像的亮度较亮。经过物镜的会聚调焦和初级放大后，电子束进入中间透镜和投影镜进行综合放大成像，最终被放大了的电子影像投射在观察室内的荧光屏板上，荧光屏将电子影像转化为可见光影像以供使用者观察。早期的透射电子显微镜都是基于这种原理，我们在对生物样品超微结构进行观察时一般也是基于这个原理。其成像原理与光学显微镜基本一样，所不同的是 TEM 用电子束作光源，用电磁场作透镜，镜筒内部要求高度真空，图像需要荧光屏或感光胶片进行显示和记录等。

3. TEM 的构造

TEM 的结构包括主体的照明系统、成像系统和记录系统，以及辅助部分的真空系统和电气系统。

（1）照明系统　该系统包括电子枪和聚光镜两部分。电子枪由阴极（灯丝）、栅极和阳极组成。阴极是产生自由电子的地方，材料一般是钨丝，其特点是成本低，但亮度低，寿命也较短，仅 40h 左右。现代电镜中有时使用新型材料六硼化镧（LaB_6）来制作灯丝，其价格较贵，但发光效率高，亮度大（能提高一个数量级），使用寿命长可达 1000h。阴极灯丝经高频电流加热发射出电子，电子通过栅极上的小孔形成电子束，电子束经阳极电压加速后射向聚光镜，射出的电子束能量与加速电压有关。

聚光镜是一组电磁透镜，其用途是将电子枪发射出来的电子束流会聚成亮度均匀且照射范围可调的光斑，投射在下面的样品上。由电子枪直接发射出的电子束的束斑尺寸较大，有一定的发散角，相干性也较差。为了更有效地利用这些电子，获得亮度高、相干性好的照明电子束以满足透射电镜在不同放大倍数下的需要，由电子枪发射出来的电子束还需要经聚光镜进一步会聚，提供束斑尺寸不同、近似平行的照明束。电子束的束斑大小及电流密度可通过聚光镜的电流强弱来调节。需要放大倍数越高，样品上需要的照明区域就越小，相应地应以更细的电子束照明样品。

此外，在照明系统中还安装有束倾斜装置，可以方便地使电子束在 2°～3° 的范围内倾斜，以便某些时候根据需要可以以一定的倾斜角度照明样品。

（2）成像系统和记录系统　该系统包括样品室、物镜、中间镜、投影镜以及其他电子光学部件。

样品室是一套相对独立的组件，样品更换时不会破坏主体的真空。样品可以前后左右移动，以便找到所要观察的位置。

成像系统的主体是中空的圆柱状结构，里面装置线圈，通过改变通过线圈的电流大小，可以调节圆柱体内空间的磁场强度，改变经过的电子束的运行方向，起到类似于光学显微镜中玻璃透镜的作用，因此也被称为电磁透镜。经过聚光镜得到的平行电子束照射到样品上，穿过样品后就携带有样品结构的信息，经物镜初步放大成像。物镜是决定透射电子显微镜分辨能力和成像质量的关键。改变物镜的工作电流，可以起到调节焦距的作用。电镜操作面板上粗、细调焦旋钮，即为改变物镜工作电流之用。

物镜将来自样品不同部位的电子在其背焦面上会聚形成衍射图像，而在物镜的像平面上，这些电子束重新组合相干成像。通过调整中间镜的透镜电流，使中间镜的物平面与物镜的背焦面重合，可经投影镜后在荧光屏上得到样品结构的衍射花样；若使中间镜的物平面与物镜的像平面重合，则可以经投影镜在荧光屏上得到样品结构的显微图像。TEM 的放大倍数是物镜、中间镜和投影镜的各自放大倍数的乘积。在 TEM 使用过程中，当需要改变放大倍数时，通常是靠改变中间镜和投影镜线圈的工作电流来达到的。电镜操纵面板上放大率变换钮即为控制中间镜和投影镜的电流之用。

电子束不是可见光，成的像不能用肉眼直接观察，可以通过荧光屏显示，也可用感光胶片或 CCD（charge coupled device）记录。

（3）真空系统　真空系统由机械泵、油扩散泵、离子泵、真空仪表及真空管道组成。用真空泵不断抽气，保持电子枪、镜筒及记录系统内的高度真空，以利于电子的运动。镜筒真空度至少要在 10^{-3} Pa 以上，目前最好 TEM 的真空度可以达到 $10^{-8} \sim 10^{-7}$ Pa。如果真空度过低，电子与气体分子之间的碰撞引起散射会影响成像质量，还会使电子栅极与阳极间高压电离导致极间放电，残余的气体还会腐蚀灯丝，污染样品。获得高真空是由各种真空泵来共同配合完成的。

（4）电气系统　加速电压和透镜磁电流不稳定将会产生严重的色差及降低电镜的分辨本领，所以加速电压和透镜电流的稳定度是衡量电镜性能好坏的一个重要标准。透射电镜的电路主要由以下部分组成：高压直流电源、透镜励磁电源、偏转器线圈电源、电子枪灯丝加热电源，以及真空系统控制电路、真空泵电源、照相驱动装置及自动曝光电路等。

4. 样品制备技术

（1）超薄切片技术　电子的穿透力很低，样品的厚度会严重影响成像的质量及 TEM 的分辨率。因此生物样品需要制作成极薄的切片（超薄切片）才能用于 TEM 观察，厚度通常为 50～100nm，要达到较高的分辨率，则需要更薄，达到 40～50nm。超薄切片的制备过程包括取材、固定、脱水、包埋、切片、染色等步骤。

1）取材、固定　取材过程一般要在 0～4℃下进行，低温可以抑制细胞内的酶解活性，减小取样过程中细胞结构的自我损伤。为了保持样品结构的真实性，取得生物样品部分组织结构后固定的速度一定要快，一般要在 0.5min 内将样品浸入固定液。固定的样品块直径一般小于 1mm，以便固定剂迅速渗透。

TEM 样品制备过程中一般采用双重固定法，即用固定剂戊二醛和锇酸（OsO_4）进行先后两次固定。不同的固定剂对细胞不同成分、结构的固定效果不同（表 1-1）。戊二醛的渗透力强，能快速进入组织细胞，对蛋白质的固定效果相对较好，所以可以快速固定细胞中的微管、微丝等易变结构，用于初级固定。锇酸渗透力弱，但对脂类和蛋白质的固定能力强，且可以使酶失活，用于二次固定。由于戊二醛和锇酸可以相互作用产生沉淀，所以双重固定时，要先洗净戊二醛后，才可用锇酸固定。另外，还可以利用物理方法固定，如超低温冷冻等。

表 1-1　两种固定剂对不同细胞成分的固定效果

固定剂	蛋白质	磷脂	核酸	多糖	不饱和脂肪酸
锇酸	++	+++	+	+	+++
戊二醛	++	+	+	+	+

注："＋"表示固定的相对效果。

2）脱水、包埋　生物样品固定后含有大量水分，而包埋剂大多不溶于水，因此固定的样品在包埋前通常需要进行脱水处理。脱水剂的特点是既能和水相溶又能和包埋剂相溶。常用的脱水剂有乙醇、丙酮等有机溶剂。脱水后的样品先用包埋剂浸透，浸透是用包埋剂浸入细胞中，将组织内的脱水剂取代，使细胞内外空间都被包埋剂充填。然后将浸透好的样品放在装有包埋剂的包埋板或胶囊中，加热聚合，制成包埋块。

经过固定的生物样品需要包埋在某种兼具一定刚性和韧性的特殊介质中，才有可能进行超薄切片。包埋的目的是保证在切片过程中，包埋介质能均匀良好地支撑样品，以便获得连续、完整并有足够强度的超薄切片。理想的包埋介质应具备以下性质：能溶于脱水剂；具有良好的机械性能（刚性、韧性等）以利于切片；单体的黏度低，容易浸透；聚合时无明显的局部膨胀或收缩；易被电子穿透，并能耐受电子的轰击而不变形；高度透明，在高倍放大时也不产生明显的背景结构。目前常用的包埋剂是各种环氧树脂。

3）切片　聚合好的包埋块先用刀片修成金字塔形，切除样品周围空白的包埋剂，顶部修成面积约为 $1mm^2$ 的长方形或梯形，露出生物样品，底部安装在超薄切片机样品臂上。

切片用的刀一般是玻璃刀或钻石刀。生物样品切片厚度通常只有几十纳米（nm），这在一般情况下用肉眼是不能直接看到的，必须让切片漂浮在水面上，借助特殊的照明光线，并以特殊的角度才能观察到如此薄的切片。挑选切好的薄片，捞放在覆有支持膜的金属网上。盛放样品的金属网一般是直径为 3mm 的铜网。通常铜网上有多少个网孔，我们就把它称作多少目，如 100 目、200 目。之所以选择铜制作样品网，是因为它不会与电子束及电磁场发生作用。同样，还可以选择其他磁导率低的金属材料（如镍）制作样品网。样品网属于易耗品，铜网加工容易、成本低，所以使用十分普及。

因为电子不能穿透玻璃片，所以不能使用载玻片作为超薄切片的载体。样品载网上覆有支持超薄切片的支持膜。支持膜需要有一定的支持强度，耐电子束的轰击，易被电子穿透，电镜下无结构，不与样品发生化学反应。支持膜可分有机膜和炭膜两种。有机膜又根据制膜材料分为聚乙烯醇缩甲醛膜（Formvar 膜）和火棉胶（硝基纤维素）膜等。

4）染色　因为细胞的组成成分主要是碳、氢、氧、氮等元素，它们对电子的散射能力较弱，所以电子束通过后形成的像反差很小，难以分辨细胞的细微结构。所以，生物样品的超薄切片通常先进行染色，然后才能在 TEM 下观察。

超薄切片常用铀、铅、钨、锇等重金属盐进行染色。样品中的不同结构成分对各种重金属盐染料有不同的亲和性，如锇酸宜染脂质、柠檬酸铅染蛋白质、醋酸双氧铀染核酸等。用重金属盐染色后，细胞的不同结构成分就会吸附不同数量的重金属离子。当电子束穿过样品时，样品中结合重金属离子较多的结构，吸收、散射电子能力较强，在成的像中颜色较深；结合重金属离子少的结构，颜色较浅；没有结合重金属离子的区域，呈现电子透明的明亮背景。所以，TEM 下呈现的图像都是黑白图像。

经纯化的细胞组分或结构，如病毒颗粒、核糖体、细胞骨架纤维等可以通过负染色技术

（negative staining）显示其精细结构，分辨率可达 1.5nm 左右。负染色是用重金属盐对载网上的样品进行染色时，吸去多余染料，样品自然干燥后，整个载网上都铺上了一薄层重金属盐，而样品上反而没有重金属盐染料，从而衬托出样品的精细结构。

（2）冷冻蚀刻技术（freeze etching）　在液氮或液氦中将样品快速冷冻，然后在低温下进行断裂。这时冷冻样品往往从其结构相对"脆弱"的部位（即膜脂双分子层的疏水端）裂开，从而显示出镶嵌在膜脂中的蛋白质颗粒。经过一段时间冰的升华（蚀刻），进一步增强断裂面结构的凹凸反差。再用铂等重金属粉对断裂面进行倾斜喷镀，以形成对应于凹凸断裂面的电子反差；然后，用炭粉进行垂直喷镀，在断裂面上形成一层连续的炭膜。最后用消化液将生物样品消化掉，得到样品断裂面结构的复型膜——由炭膜支持的含有结构信息的重金属膜。复型膜放在载网上，即可用 TEM 进行观察。冷冻蚀刻技术主要用于观察膜断裂面上的蛋白质颗粒以及膜表面结构特征，立体感强。

【实验用品】

1. 实验材料

拟南芥幼苗。

2. 实验器具

透射电子显微镜，超薄切片机，制刀机，恒温箱，解剖镜，电子天平，包埋平板，铜网，镊子，双面刀片，硬质玻璃条（5～6mm 厚），医用胶布，载玻片，滤纸，干燥器，烧杯，容量瓶，培养皿，玻璃棒，微量移液器。

3. 实验试剂

（1）0.1mol/L、0.2mol/L 磷酸钠缓冲液（PB）（pH 7.2）（参见附录）。

（2）戊二醛固定液（2.5%）（参见附录）。

（3）锇酸固定液（1%）：配制方法参见附录。

（4）包埋剂：称取 Epon 812 5.7g、DDSA（十二烯基丁二酸酐）3.0g、MNA（甲基内次甲基四氢苯二甲酸酐）2.8g，按上述顺序依次加入小烧杯中，每加一种都要充分搅拌、混匀。最后用移液枪逐滴加入 0.2ml DMP-30 [2,4,6-三（二甲氨基甲基）苯酚]，边加边搅拌 1～2h，充分混匀。用滤纸盖住装有包埋剂的小烧杯，放入干燥器内备用。

（5）乙醇：30%，50%，70%。

（6）丙酮：80%，90%，100%。

（7）1mol/L NaOH 溶液。

（8）聚乙烯醇缩甲醛（Formvar）溶液（0.3%）：称取 0.3g 聚乙烯醇缩甲醛放入广口瓶内，加入 100ml 氯仿，将聚乙烯醇缩甲醛完全溶解，置于干燥器中保存（1～2d），备用。

（9）醋酸双氧铀染色液（2%）：棕色瓶中加入 50% 乙醇 50ml，加入醋酸双氧铀 1g，摇动 10min，于 4℃ 冰箱避光静置 1～2d，沉淀未溶解部分，取上清液使用。

（10）柠檬酸铅染色液：双蒸水煮沸，除去水中的 CO_2，自然降温至室温，备用。称取 $Pb(NO_3)_2$ 1.33g 和 $Na_3(C_6H_6O_7) \cdot 2H_2O$ 1.76g 放入 50ml 容量瓶中，再加入预煮沸的双蒸水 30ml，用力摇 1min，然后间歇摇动约 30min，溶液呈乳白色，浑浊。加入 1mol/L NaOH 8ml，溶液变透明。最后加蒸馏水定容至 50ml。盖好瓶塞，冰箱 4℃ 保存。

（11）石蜡。

【实验步骤】

1. 取材、固定

取拟南芥健康、成熟叶片，切成 1mm×1mm 小片，立即放入 2.5％的戊二醛固定液（含有 0.1mol/L 磷酸缓冲液，pH 7.2）中，抽真空使材料下沉，室温固定 2h，转入 4℃继续固定 24h。然后材料用预冷的 0.1mol/L 的磷酸缓冲液（pH 7.2）漂洗 3 次，每次 15min。1％的锇酸（0.1mol/L 的磷酸缓冲液）4℃固定 4h。

2. 脱水

固定的材料从锇酸中取出后，用 0.1mol/L 的磷酸缓冲液（pH7.2）漂洗 3 次，每次 15min。然后进行脱水。通过逐渐提高脱水剂的浓度，可将细胞内的水分取代。脱水流程如下：

30％乙醇	15～20min
50％乙醇	15～20min
70％乙醇	15～20min
80％丙酮	20～30min
90％丙酮	20～30min
100％丙酮	1h/次×3 次

经过脱水后的样品立即进入包埋剂浸透、包埋。如果这一过程不能马上进行，样品可保存在 70％的乙醇中，在进行包埋前再继续脱水。

3. 浸透和包埋

（1）浸透：脱水后的样品经由丙酮和包埋剂的混合液浸透将组织内的脱水剂逐渐用包埋剂取代。其程序如下：

2/3 丙酮＋1/3 包埋剂	2h
1/2 丙酮＋1/2 包埋剂	2h
1/3 丙酮＋2/3 包埋剂	2h
包埋剂	5h
包埋剂	12～36h，37℃

（2）包埋：将包埋平板烘干，用玻璃棒将包埋剂加入包埋平板凹槽内并注满。用牙签将样品挑入装有包埋剂的包埋平板的凹槽中，使其自由沉到凹槽的底部。将装有样品的包埋平板放入聚合器或恒温箱内加温聚合，形成包埋块。聚合温度和时间按以下次序依次进行：35℃，24h→45℃，24h→60℃，24h。

4. 样品支持膜的制备

本实验采用的是 Formvar 膜，制备过程如下：

（1）将 200 目铜网放在装有丙酮的青霉素瓶里，超声波振荡清洗干净，晾干备用。

（2）将洁净的载玻片插入 0.3％聚乙烯醇缩甲醛溶液内浸湿后取出，倾斜放置片刻，待溶剂蒸发后玻璃片上即结成一层薄膜。

（3）用刀片沿玻璃边缘将膜划破，然后将玻璃片前端浸入洗缸内的蒸馏水中，待前沿的膜全部脱离玻璃片并漂在水面之后，将玻璃片轻轻下压，使玻璃片上的薄膜由前及后平整地漂浮在水面上，取出玻璃片。

（4）将洗净的铜网以适当的间距摆放在漂浮于水面的膜上，然后在铜网上放一张滤纸，待滤纸吸湿并与铜网完全贴附后，用镊子夹住滤纸的一角，一边上提一边翻转，将贴有铜网的滤纸取出水面放在培养皿中干燥备用。

5. 制刀

用制刀机按照使用说明，将硬玻璃条制成三角形玻璃刀，显微镜下挑选刀刃平直无锯齿的刀。用医用胶带在合格刀口下方的斜面上，围绕刀口制作一个小水槽，用熔化的石蜡密封胶带和玻璃刀之间的接口，防止漏水。将带有水槽的玻璃刀安装到超薄切片机上。

6. 超薄切片

先用刀片修去组织块周边的包埋剂，露出样品。将包埋块固定在超薄切片机的样品臂上，按照超薄切片机操作规程将样品切成 $50\sim60nm$ 厚的切片，然后用覆有 Formvar 膜的铜网从水槽中水面上捞取厚度均匀、平整无褶皱的超薄切片。将载有样品的铜网放在铺有滤纸的培养皿中。

7. 染色

采用醋酸双氧铀-柠檬酸铅双重染色法对样品超薄切片进行染色。醋酸双氧铀主要染细胞核，柠檬酸铅主要提高细胞质成分的反差。操作过程如下：

① 醋酸双氧铀染色：将捞有切片的铜网以适当的间距放置在蜡盘上（培养皿中浇一层熔化的石蜡，冷却后即成蜡盘），用吸管吸取醋酸双氧铀溶液，逐滴滴在铜网上，盖好蜡盘染色 30min。

② 漂洗：取出铜网用蒸馏水洗涤三次，用滤纸吸去水分，自然干燥。

③ 柠檬酸铅染色：将上述水洗干燥后的铜网摆入另一个蜡盘中，同时放上几粒固体氢氧化钠以吸收蜡盘中的 CO_2，防止碳酸铅的生成。用吸管吸取柠檬酸铅染色液，逐滴滴在铜网上，盖好蜡盘染色 15min。

④ 漂洗：取出铜网用蒸馏水洗涤三次，用滤纸吸去多余的水分，自然干燥即可观察。

8. 观察和摄影

将经过醋酸双氧铀和柠檬酸铅双重染色的超薄切片，放入 TEM 样品室，工作电压 50kV。先在 $100\sim200$ 倍放大率下观察样品全貌，找到要观察的结构区域并移到荧光屏中央，转而用合适的放大倍数，观察超微结构，并采集图像。

【注意事项】

1. 锇酸剧毒，易挥发，其蒸气对眼、鼻、喉黏膜有强烈的刺激作用，使用时需在通风橱中进行。

2. 包埋过程中所有样品、器皿应注意防潮；包埋时动作要轻巧，防止产生气泡；盛过包埋剂的容器要及时清洗；制作好的包埋块应放在带盖的瓶中或纸袋内，保存在干燥器中。

3. 制备 Formvar 膜时，载玻片一定要干净、光洁，否则膜难以从载玻片上剥落下来。溶剂中不能有水分和杂质，否则膜上会有许多斑点。

4. 观察生物样品时，若不要求高分辨率，选择较低的加速电压可以获得较大的成像反差。因为加速电压增大时，虽然电子束的波长变短，能提高 TEM 分辨率，但同时由于电子束与样品碰撞后散射角增大，成像反差反而会下降。

【作业及思考题】

1. 画叶肉细胞的超微结构模式图。
2. 比较透射电子显微镜与普通光学显微镜的成像原理。
3. 简述超薄切片技术的主要步骤。

实验 8

扫描电子显微镜样品制备与观察

【实验目的】

1. 了解扫描电子显微镜的结构与工作原理。
2. 了解扫描电子显微镜的样品制备技术。
3. 了解临界点干燥仪的工作原理。
4. 掌握扫描电子显微镜的基本使用方法。

【实验原理】

扫描电子显微镜（scanning electron microscope，SEM）于 1965 年问世，是主要用于观察样品表面微观形态的一种电子显微镜。SEM 的特点是景深长，图像立体感强，分辨率一般可达 3nm，放大倍数在较大范围内（20～100000 倍）连续可调。近些年发明的低压高分辨率 SEM 分辨本领可达 0.7nm。目前，SEM 已广泛应用于生物、医药、材料、化学等多个科学研究以及生产领域。

1. SEM 的工作原理

SEM 利用聚焦得非常细的高能电子束在样品表面逐点扫描，电子束与样品相互作用产生各种效应，包括产生二次电子，通过对这些效应信息的收集、放大和显示成像，获得测试样品的形态、结构的信息。SEM 主要是利用二次电子成像来观察样品的表面形貌（图 1-14）。

由此可知，SEM 的工作原理依赖于电子与物质的相互作用。当一束极细的高能入射电子轰击样品表面时，被激发的区域将产生透射电子、散射电子、背反射电子、二次电子、俄歇电子、特征 X 射线，以及在可见、紫外、红外光区域产生的电磁辐射等。

（1）背反射电子 背反射电子是指被固体样品原子反射回来的一部分入射电子，其中包括弹性背反射电子和非弹性背反射电子。弹性背反射电子是指被样品中原子核反弹回来的（散射角大于 90°）那些入射电子，其能量基本上没有变化（能量为数千到数万电子伏）。非弹性背反射电子是入射电子和核外电子撞击后产生非弹性散射，不仅能量变化，而且方向也发生变化。非弹性背反射电子的能量范围很宽，从数十电子伏到数千电子伏。从数量上看，弹性背反射电子远比非弹性背反射电子所占的份额多。背反射电子的产生范围在样品表面 $10^2 \sim 10^9$ nm 深度。

背反射电子成像分辨率一般为 50～200nm。背反射电子的产额随原子序数的增加而增加，所以，利用背反射电子作为成像信号不仅能分析形貌特征，也可以用来显示原子序数衬度，对样品成分进行定性分析。

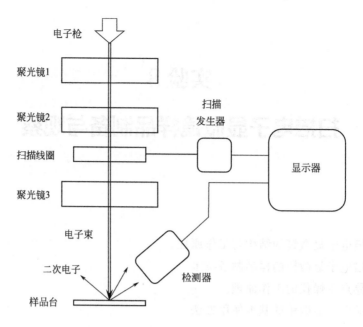

图 1-14 扫描电子显微镜工作原理图

（2）特征 X 射线　特征 X 射线是原子的内层电子受到激发以后在能级跃迁过程中直接释放的具有特征能量和波长的一种电磁波辐射。X 射线一般在样品的 500nm～5mm 深处发出。在观察样品微区表面形貌的同时，利用 X 射线显微分析技术可以对样品中的元素进行定性和定量分析。

（3）俄歇电子　如果被一次电子激发的原子内层电子，在能级跃迁过程中释放出来的能量将核外另一电子激发，脱离原子变为二次电子，这种二次电子叫做俄歇电子。因每一种原子都有自己特定的壳层能量，所以它们的俄歇电子能量也各有特征值，能量在 50～1500eV 范围内。俄歇电子是由样品表面极有限的几个原子层中发出的，所以俄歇电子信号适用于表层化学成分分析。

（4）二次电子　二次电子是指被入射电子（一次电子）轰击出来的样品表面原子的外层电子。由于原子核和外层电子间的结合能很小，当原子核的外层电子从入射电子获得了大于相应的结合能的能量后，可脱离原子成为自由电子。这些自由电子的能量很低，只有不到 50eV，所以只能从样品表层几个纳米的厚度内逸出，成为真空中可被检测到的二次电子。

二次电子由探测器收集，并在那里被闪烁器转变为光信号，再经光电倍增管和放大器转变为电信号来控制荧光屏上电子束的强度，调制荧光屏的亮度。当电子束打到样品上某一点（物点）时，在荧光屏上就有一亮点（像点）与之对应，其亮度与物点激发产生的二次电子数量有关。当来自物点的二次电子信号强时，对应的像点亮度高；反之则亮度低。

由于经过扫描线圈上的电流与显像管相应偏转线圈上的电流同步，因此，样品表面任意点发出的二次电子信号与显像管荧光屏上相应的亮点一一对应。也就是说，SEM 是采用逐点成像法进行的。光点成像的顺序是从左上方开始到右下方，直到最后一行右下方的像元扫描完毕就完成一幅图像。这种扫描方式叫做光栅扫描。

二次电子的数量与电子束入射角有关，由于样品表面凹凸不平，各点处电子束的入射角不同，产生的二次电子信号强度也不同，因此二次电子像的反差可以反映样品表面的几何形貌。二次电子数量随原子序数的变化不大，它主要取决于表面形貌，所以 SEM 主要用于样品表面形态结构的观察。

分辨率、加速电压和放大倍数是 SEM 的基本技术参数。SEM 的分辨率一般是指二次电子像的分辨率。产生二次电子的面积与入射电子的照射面积极为相近，所以 SEM 的分辨本领主要取决于作为光源的电子束的束斑直径的大小，目前一般可以达到 $5\sim10nm$。配备热发射电子枪的 SEM 分辨率约为 3nm，而高分辨率场发射 SEM 的分辨率在 1nm 左右。SEM 加速电压范围约为 $1\sim20kV$。SEM 的放大倍数由观察显示器的尺寸与入射电子束在样品扫描区域尺寸之间的比值决定。通过改变入射电子束扫描区域的大小，可以提高或降低放大倍数，其范围为数十倍至数十万倍。

利用电子和物质的相互作用，可以获取被测样品本身的各种物理、化学性质的信息，如形貌、组成、晶体结构、电子结构和内部电场或磁场等。SEM 正是根据上述不同信息产生的机理，采用不同的信息检测器，使选择检测得以实现。如对二次电子、背反射电子的采集，可得到有关物质微观形貌的信息；对 X 射线的采集，可得到物质化学成分的信息。正因如此，根据不同需求，可制造出功能配置不同的 SEM。

2. SEM 的构造

SEM 的主要构造包括成像系统、信号检测及显示系统、真空系统等。

（1）成像系统　SEM 成像系统由电子枪、电磁透镜、扫描线圈和样品室等部件组成。其作用是用来获得扫描电子束，作为产生物理信号的激发源。为了获得较高的信号强度和图像分辨率，扫描电子束应具有较高的亮度和尽可能小的束斑直径。

1）电子枪　其作用是利用阴极与阳极灯丝间的高压产生高能量的电子束。目前大多数 SEM 采用热阴极电子枪。其优点是灯丝价格较便宜，对真空度要求不高；缺点是钨丝热电子发射效率低，发射源直径较大，即使经过二级或三级聚光镜，在样品表面上的电子束斑直径也在 $3\sim5nm$，因此仪器分辨率受到限制。现在，较高级的 SEM 采用六硼化镧（LaB_6）或场发射电子枪，使二次电子像的分辨本领达到 1nm 左右。但这种电子枪要求很高的真空度。

2）电磁透镜　SEM 中的电磁透镜工作原理与透射电子显微镜中的电磁透镜相同，但作用不同。SEM 中的电磁透镜并不用于放大成像，只是作为聚光镜，把电子枪发射的电子束的束斑直径从原来的约 $50\mu m$ 缩小到只有几纳米。SEM 一般有三个聚光镜，前两个透镜是强透镜，用来缩小电子束束斑。第三个聚光镜是弱透镜，具有较长的焦距，一方面方便在其和样品之间放置各种检测器，另一方面在该透镜下方放置样品可避免磁场对二次电子轨迹的干扰。

3）扫描线圈　一个扫描线圈用于控制入射电子束在样品表面的扫描，另一个扫描线圈控制显像管内的电子束在显示器上的扫描。由于入射电子束与显示器的扫描偏转线圈均由同一扫描信号发生器控制，所以两者的扫描同步，显示器上可以同步显示被扫描样品点的形貌特征。改变入射电子束在样品表面的扫描范围，可以得到不同放大倍率的扫描像。扫描线圈一般安装在最后两个透镜之间，也有的放在第三个透镜与样品室之间。

4）样品室　样品室中主要部件是样品台。它能进行三维方向上的移动，还能倾斜和转动，样品台移动范围一般可达 40mm，倾斜范围至少在 $50°$ 左右，可转动 $360°$。

样品室中还要安置各种型号检测器。信号的收集效率和相应检测器的安放位置有很大关系。样品台还可以带有多种附件，例如样品在样品台上加热、冷却或拉伸，可进行动态观察。为适应较大样品的需要，已经开发出了可放置尺寸在125mm以上的大样品台。

（2）信号检测及显示系统　其作用是检测样品在入射电子作用下产生的物理信号，然后经视频放大作为显像系统的调制信号。不同的物理信号需要不同类型的检测系统，大致可分为三类：电子检测器、阴极荧光检测器和X射线检测器。在扫描电子显微镜中最普遍使用的是电子检测器，它由闪烁体探测器、光导管和光电倍增管所组成。

当信号电子进入闪烁体探测器时将引起电离，当离子与自由电子复合时产生可见光。光子沿着没有吸收的光导管传送到光电倍增管进行放大并转变成电流信号输出，电流信号经视频放大器放大后就成为调制信号。这种检测系统的特点是在很宽的信号范围内具有正比于原始信号的输出，具有很宽的频带（$10 \sim 10^6$ Hz）和高的增益（$10^5 \sim 10^6$），而且噪声很小。

由于镜筒中的电子束和显像管中的电子束是同步扫描，荧光屏上的亮度是根据样品上被激发出来的信号强度来调制的，而由检测器接收的信号强度随样品表面状况不同而变化，那么由信号检测系统输出的、反映样品表面状态的调制信号，在图像显示和记录系统中就转换成一幅与样品表面特征一致的放大的扫描像。

（3）真空系统　真空系统主要包括真空泵和真空柱两部分。真空柱是一个密封的柱形容器，成像系统内置于真空柱中。

真空泵用来在真空柱内产生真空。有机械泵、油扩散泵以及涡轮分子泵三大类。机械泵加油扩散泵的组合可以满足配置钨枪的SEM的真空要求，但对于装置了场致发射枪或六硼化镧枪的SEM，则需要机械泵加涡轮分子泵的组合。

真空柱底端为密封室，用于放置样品。

SEM镜筒内之所以要用真空，主要基于以下两点原因：

1）发射电子的灯丝在普通大气中会迅速氧化而失效，提高真空度可以延长灯丝的使用寿命。除了在使用SEM时需要用真空以外，平时还需要以纯氮气或惰性气体充满整个真空柱。

2）减少空气中的分子对电子的阻挡，使得参与成像的电子更多。

3. SEM的样品制备技术

SEM主要依据二次电子信号来观察样品的表面形态，因此在样品制备过程中，需要将待观察部位暴露于样品表面，并保持样品表面形貌的完好，确保样品表面具有良好的导电性。另外，SEM观察样品要求在高真空中进行，而水在高真空中会剧烈地汽化，不仅影响真空度、污染样品，还会破坏样品的微细结构。因此，样品在用SEM观察之前必须进行彻底干燥。

某些含水量低且不易变形的生物材料，可以不经固定和干燥而在较低加速电压下直接观察，如动物毛发、昆虫、植物种子、花粉等，但图像质量差，而且观察和拍摄照片时须尽可能迅速。

对大多数的生物材料，则应首先采用化学或物理方法固定、脱水和干燥，然后喷镀炭与金属膜以提高材料的导电性和二次电子产额。

（1）化学方法制备样品　化学方法制备样品的程序通常是：清洗→化学固定→干燥→喷镀金属。

1）清洗　某些生物材料表面常附有异物，掩盖着要观察的部位，因而，需要在固定之前用生理盐水或等渗缓冲液等把附着的异物清洗干净，也可用酶消化法去除这些异物。

2) 化学固定 通常采用醛类（主要是戊二醛和多聚甲醛）与锇酸（OsO_4）双固定，也可用锇酸单固定。锇酸固定不仅可良好地保存组织细胞结构，而且能增加材料的导电性和二次电子产额，提高扫描电子显微图像的质量。这对高分辨 SEM 来说是极为重要的。为增强这种效果，可用锇酸-单宁酸等反复处理材料，使其结合更多的重金属锇，这就是导电染色。

3) 干燥 在样品自然干燥过程中，液-气界面上表面张力可能造成生物样品收缩，改变样品的形态结构。为了观察生物样品真实的表面形貌，通常采用临界点干燥法对固定样品进行干燥处理。临界点干燥的原理是：在一定的温度和压力下，物质的液态和气态界面将会消失，形成非液非固的状态，即达到临界点状态。在临界点时，气体、液体密度相等，表面张力为零。因此，对生物样品进行临界点干燥，可以较好地保护其表面形貌。水的临界温度和压力分别为 374.1℃ 和 218.3atm，显然，此条件下生物样品将受到严重损坏。

由于二氧化碳的临界温度和压力较低，为 31.4℃ 和 72.9atm，故通常选择二氧化碳作为生物样品临界点干燥的工作介质。固定后的样品用乙醇或丙酮等使脱水剂脱水，再用一种中间介质，如乙酸异戊酯，置换脱水剂，然后在临界点干燥器中用液体或固体二氧化碳置换中间介质，然后利用临界点干燥仪对样品进行临界点干燥。

除了二氧化碳，可用于临界点干燥的介质还有氟里昂 13、一氧化二氮等。

4) 喷镀金属 由于生物样品导电性低，未经过导电处理的样品在 SEM 下观察时会产生电荷积累现象（荷电效应），从而影响观察和照相记录。为了减少荷电效应，对生物样品表面要进行导电处理。通常使用离子溅射仪在样品表面喷镀金属薄层，以提高样品的导电性和二次电子产额，改善图像质量，并且防止样品受热和辐射损伤。离子溅射仪喷镀金属，可获得均匀的细颗粒薄金属镀层，提高扫描电子图像的质量。喷镀的金属包括金（Au）、铂（Pt）及其合金等，喷镀导电薄层厚度在 10nm 左右为宜。

(2) 冷冻方法制备样品 低温 SEM 是 20 世纪 80 年代迅速发展和广泛应用的方法。它包括生物样品的冷冻固定、冷冻干燥、冷冻割断和冷冻含水样品的扫描电子显微术等。

1) 冷冻固定 将生物材料投入低温的制冷剂中，如液氦、液氮、液体氟里昂及丙烷等。快速冷冻可使生物组织细胞的结构和化学组成在接近于生活状态下被固定下来。被冷冻固定的生物样品，可以在低温条件下转移到具有低温样品台的扫描电子显微镜中直接观察，无需进一步处理，或仅在冷冻样品表面喷镀一薄层金属。这种方法不仅快速简便，而且可以排除由于干燥法造成收缩的假象，特别适合于研究含水量高的生物材料。

2) 冷冻干燥 生物样品经冷冻固定后，其中的水分冻结成冰，表面张力消失；再将冷冻样品放于真空中，使冰渐渐升华为水蒸气。这样获得的干燥样品在一定程度上避免了表面张力造成的形态改变。由于水冷冻而形成的冰晶会破坏组织结构，冰在真空中升华速度很慢，同时需要大型复杂的冷冻干燥装置，所以冷冻干燥法没有临界点干燥法应用广泛。如果在冷冻前用有机溶剂置换样品中的水，随后冷冻干燥，则可消除冰晶对结构的破坏，并大大缩短干燥时间；也无需特殊装置。

3) 冷冻割断 为了观察脏器或细胞内部结构，可切断冷冻样品，再经化学固定、导电染色、脱水和临界点干燥及喷镀金属，用扫描电镜观察割断表面暴露出的内部结构。冷冻割断又包括乙醇割断法、二甲基亚砜（dimethyl sulfoxide，DMSO）割断法及冷冻断裂法等多种。用冷冻割断法可获得高分辨率的组织细胞内部三维构造的扫描电子显微镜图像。

【实验用品】

1. 实验材料

百合花粉粒，拟南芥幼苗。

2. 实验器具

SEM，离子溅射仪，临界点干燥器，电子天平，烧杯，容量瓶，玻璃棒，镊子，双面刀片。

3. 实验试剂

（1）0.2mol/L 磷酸缓冲液（PB）（pH 7.2）（参见附录）。

（2）0.1mol/L 的磷酸缓冲液：取等体积的 0.2mol/L 磷酸缓冲液和双蒸水混匀，即得0.1mol/L 的磷酸缓冲液。

（3）戊二醛固定液（2.5%）（参见附录）。

（4）锇酸固定液（1%）（参见附录）。

（5）乙醇：30%、50%、70%、85%、95%乙醇，无水乙醇。

（6）乙酸异戊酯。

（7）液体二氧化碳。

（8）导电胶：甲基丙烯酸乙酯10ml，300目银粉0.1g，用乙酸乙酯稀释。

【实验步骤】

1. 拟南芥叶片样品制备

（1）取材、固定　选取新鲜、成熟的拟南芥叶片，用刀片切成小块（2mm×2mm），放入2.5%戊二醛固定液中，将样品和固定液置于注射器中，抽气使样品沉到固定液底部，固定24h（4℃）。

从戊二醛固定液中取出叶片样品，用预冷至4℃的0.1mol/L磷酸缓冲液（pH 7.2）漂洗3次，每次15min。1%的锇酸固定液固定1h（4℃）。

（2）脱水　固定的样品从锇酸中取出，用0.1mol/L的磷酸缓冲液（pH 7.2）漂洗3次，每次15min。然后通过梯度乙醇脱水，70%、80%、90%、95%、100%乙醇，各处理15min，其中100%乙醇处理两次。

（3）临界点干燥　用乙酸异戊酯置换脱水后样品中的乙醇：75%乙醇＋25%乙酸异戊酯，50%乙醇＋50%乙酸异戊酯，25%乙醇＋75%乙酸异戊酯，100%乙酸异戊酯，各处理15min。

对样品进行临界点干燥：首先将临界点干燥器压力罐内的温度降低10℃，将样品放入。打开进口阀，放入液体二氧化碳至罐容量的50%～80%。将温度升高到20℃，保持20min，使二氧化碳置换乙酸异戊酯；再升温至40℃，使压力位于80～100kgf/cm²❶，保持5min；然后缓缓放出二氧化碳，放气时间一般在2h以上。待压力降到零后，再调节温度到室温，打开压力罐，取出样品，置于干燥器内备用。

（4）喷镀金膜　干燥后的样品用导电胶粘在SEM样品台上，离子溅射仪对样品台喷镀

---

❶　1kgf/cm² = 98.0665kPa。

炭膜和金膜（厚度约 10nm），备检。

2. 百合花粉粒样品制备

用导电胶将自然干燥的百合花粉粒分散均匀地粘在 SEM 样品台上，用离子溅射仪对花粉表面喷镀导电薄层（厚度约 10nm），备检。

3. SEM 观察

（1）开启 SEM 真空系统电源，等待真空度达到工作状态（正常情况下约需 30min）。

（2）开启 SEM 镜筒电源。

（3）将样品放入 SEM 样品室。

（4）对热发射钨灯丝，加高压至 15～20kV。加灯丝电流至饱和点。

（5）在低放大倍数（数十倍）下，寻找要观察的样品区域并调中。选取适当的放大倍数，调节亮度与对比度，聚焦，校正像散，然后进行观察，也可照相记录。

【注意事项】

1. 临界点干燥前，应先用滤纸吸去多余的乙酸异戊酯，避免过多的乙酸异戊酯进入临界点干燥器的压力罐。每次临界点干燥处理的样品数不宜过多，一般不多于 3 个。

2. 临界点干燥时，若升温至 $40\,^{\circ}\mathrm{C}$ 后压力低于 $75\mathrm{kgf/cm^2}$，说明压力罐中充的二氧化碳量不足，未进入临界状态，应退回到前一步重做；若压力超过 $150\mathrm{kgf/cm^2}$，应打开放气阀，放出部分二氧化碳，使压力降至 $100\mathrm{kgf/cm^2}$ 左右，以保证安全。

【作业及思考题】

1. 描绘百合花粉粒和拟南芥叶片在 SEM 下的形貌特征。

2. 简述 SEM 的工作原理。

3. SEM 样品制备的关键是什么？

实验 9

石蜡切片

【实验目的】

1. 了解石蜡切片的制片技术和基本原理。
2. 掌握 HE 染色的基本原理和染色方法。

【实验原理】

石蜡切片（paraffin section）是组织学常规制片技术中最为广泛应用的方法。石蜡切片不仅用于观察正常细胞组织的形态结构，也是病理学和法医学等学科用以研究、观察及判断细胞组织形态变化的主要方法，而且也已相当广泛地用于其他许多学科领域的研究中。

1. 取材

所取材料尽可能新鲜，争取在 30min 内处理完毕，组织块力求小而薄，厚度一般不超过 5mm 为宜，目的是使固定液迅速而均匀地渗入组织块内部。勿使组织块受挤压并保持材料清洁。

2. 固定

固定是指处死的动物体或新取的组织块投入固定液使其结构得以凝固为不溶性物质的过程。其目的在于保持组织内细胞的形态、结构及其组成，防止细胞组织死后的自溶和腐败，使之尽量保持生前的状态和结构。动物所有组织常用固定液为 Bouin's 液。

3. 洗涤与脱水

固定后的组织材料需除去留在组织内的固定液及其结晶沉淀，否则会影响以后的染色效果。多数用流水冲洗；使用含有苦味酸的固定液固定的则需用乙醇多次浸洗；如果组织经乙醇或乙醇混合液固定，则不必洗涤，可直接进行脱水。固定后或洗涤后的组织内充满水分，如不除去水分就无法进行以后的透明、浸蜡与包埋，因为透明剂多数是苯类，苯类和石蜡均不能与水相溶，水分不脱尽，苯类不能浸入。乙醇为常用脱水剂，它既能与水相混合，又能与透明剂相混，为了减少组织材料的急剧收缩，应使用从低浓度到高浓度递增的顺序进行脱水，材料可以放在 70% 乙醇中保存，因高浓度乙醇易使组织收缩硬化，不宜处理过久。

4. 透明（媒浸）

组织块脱水之后其内含乙醇（脱水剂），但由于乙醇不能与石蜡相溶，因此，熔化的石蜡无法置换乙醇而进入组织，为此，还需要一种既能与乙醇（脱水剂）又能与石蜡（包埋剂）相溶的过渡溶剂，以便逐渐将组织内的乙醇置换成石蜡，这种能起过渡作用的试剂主要有二甲苯、苯、香柏油等。由于这些过渡试剂处理后的材料呈半透明状，故把这一过程叫做透明。其最终的目的是为了浸蜡和包埋。用于石蜡切片的常用透明剂是二甲苯。

5. 浸蜡和包埋

（1）浸蜡是将已透明的组织块移入熔化的石蜡内浸没的过程。去除组织块内的透明剂，而使液态的石蜡渗入整个组织块内，待包埋凝固后形成均匀一致并且组织块与石蜡紧密相连的固态结构，以支撑组织块内各种结构，最终能切出较薄的切片。石蜡以熔点分为软蜡（42～50℃）和硬蜡（50～60℃）两种。夏季用较高熔点的石蜡，冬季用较低熔点的石蜡。

（2）包埋是将浸蜡后的组织块包在石蜡之中，并使组织块与石蜡一起凝固成均匀一致的蜡块的过程。

6. 切片与贴片

石蜡块的修切使切成的蜡带成一直线，不发生弯曲。每个切片中的材料距离相近，以便镜检或做连续切片。贴片是将已切成的蜡带分割成小段后粘贴于载玻片的过程。贴附牢固，防止染色过程中脱落；使皱褶的蜡片伸展平整。

7. 染色与装片

最常用的是苏木精-伊红染色法（HE染色法），应用于各种组织的染色，是组织学技术中最基本的方法，对任何液体固定的组织和各种包埋的切片均可使用，只是对各种不同的切片处理略有不同而已。

【实验用品】

1. 实验材料

小白鼠。

2. 实验器具

显微镜，切片机，恒温箱，干燥箱，冰箱，磨刀机，分析天平，电炉，卧式染色缸，载玻片，盖玻片，洗液缸，解剖刀，手术刀，刀片，手术剪，眼科剪，镊子，染色架，毛笔，探针，切片盒，广口瓶，小口瓶，量筒，容量瓶，浸蜡杯，熔蜡缸。

3. 实验试剂

（1）波恩（Bouin）氏固定液

福尔马林	25ml
醋酸	5ml
苦味酸饱和水溶液	75ml

（2）苏木精染液（参见附录）。

（3）1％伊红乙醇溶液：伊红1g溶于100ml 95％乙醇溶液中。

（4）1％盐酸乙醇液

盐酸	1ml
70％乙醇	100ml

（5）95％、100％乙醇，石蜡（软硬蜡各两盒），二甲苯，中性树胶。

【实验步骤】

1. 取材

颈椎脱臼法处死小鼠，打开腹腔，剪取肝组织（或其他组织）。切取的组织块不宜太大，以利于固定剂穿透，通常以 5mm×5mm×2mm 或 10mm×10mm×2mm 为宜。取下所需要的肝组织，切成一小块，2～3mm 厚。

2. 固定

将切好的肝组织用生理盐水洗一下，立即投入卡诺氏固定液中固定，组织液的量一般以组织块大小的 20 倍为宜。固定时间以 12～24h 为宜。

3. 洗涤与脱水

材料经固定后，流水冲洗，数小时或过夜。材料依次经 70%、80%、90%各级乙醇溶液脱水，各 30min，再放入 95%、100%乙醇中各 2 次，每次各 20min。如不能及时进行各级脱水，材料可以放在 70%乙醇中保存，因高浓度乙醇易使组织收缩硬化，不宜处理过久。

4. 透明（媒浸）

将脱水的组织块移入以下几个梯度的溶液中：纯乙醇/二甲苯＝2/1→1/1→1/2→0/1（Ⅰ）→0/1（Ⅱ），依次至透明为止，各级浓度内停留 0.5～1h。

5. 浸蜡和包埋

两份石蜡分别标记为石蜡Ⅰ、石蜡Ⅱ，依次浸蜡（也叫透蜡）50～60min，以除去二甲苯。包埋时，用镊子夹取石蜡模子（金属质地）在酒精灯上稍加热，放在平的桌面上，从恒温箱中取出盛放纯石蜡的蜡杯，倒入少许石蜡。再将镊子在酒精灯上稍加热，夹取材料将切面朝下放入蜡模中，排列整齐。再放上包埋盒，轻轻倒入熔蜡。

6. 切片

① 将已固定和修好的石蜡块装在切片机的夹物台上。

② 将切片刀固定在刀夹上，刀口向上。

③ 摇动推动螺旋，使石蜡块与刀口贴近，但不可超过刀口。

④ 调整石蜡块与刀口之间的角度与位置，刀片与石蜡切片约成 15°左右。

⑤ 调整厚度调节器到所需的切片厚度，一般为 4～10μm。

⑥ 一切调整好后就可以开始切片。此时右手摇动转轮，让蜡块切成蜡带，左手持毛笔将蜡带提起，摇转速度不可太急，通常以 40～50r/min。

⑦ 切成的蜡带到 20～30cm 长时，右手用另一支毛笔轻轻将蜡带挑起，以免卷曲，并牵引成带，平放在蜡带盒上，靠刀面的一面较光滑，朝下，较皱的一面朝上。

⑧ 用单面刀片切取蜡片一小段，放在载玻片上加水一滴，置于放大镜或显微镜下观察切片是否良好。

⑨ 切片工作结束后，应将切片刀取下，用氯仿擦去刀上沾着的石蜡，把切片机擦拭干净，妥为保存。

7. 展片、贴片

打开水浴锅，使水温维持在 40～45℃，另准备 30%乙醇溶液。

① 切片时，将一碗 30%乙醇溶液放于切片机旁的桌面上。

② 用小镊子夹取预先用刀片割开的蜡带，放在乙醇溶液的水面上，使切片展开。

③ 小镊子轻轻地将连在一起的切片分开，用一个载玻片将切片完整、已展开的切片捞至温水中，使之充分展开。

④ 另取洁净的载玻片，捞起展开的切片，使其位于载玻片 1/3 处，另一端（磨边，粗

糙的一端）磨面上标记或贴上标签，放于玻片架上。

8. 染色封片

因染液多为水溶液，因此，切片在染色前必须先经过脱蜡、复水等步骤。

（1）脱蜡　用两杯二甲苯将切片上石蜡脱净为止，一般每杯二甲苯历时 5～10min。

（2）复水　从第二杯二甲苯取出的切片经 100％乙醇→95％乙醇→80％乙醇→70％乙醇→蒸馏水。在各液中停留 1～5min。

（3）染色

① 将蒸馏水洗涤过的切片移入苏木精染液内染色 10～30min，使细胞核充分着色。

② 用自来水冲洗去切片上多余的染液。

③ 用盐酸乙醇分色数秒钟。分色就是褪去细胞质等不应着色部分的颜色，使细胞核的着色清晰适当。

④ 入 1％氨水或自来水中浸洗，使细胞核由红紫色变成蓝色，这一步常称为蓝化。以自来水洗效果好，并且注意要用一滴一滴水来洗，以防止材料脱落。

⑤ 入蒸馏水洗去切片上的碱性成分，若切片中残余有碱性物质，对以后伊红着色不利。

⑥ 切片依次入 70％→80％→90％乙醇中上行脱水，各历时 1～2min。

⑦ 入伊红染液（95％乙醇溶液）染 2～5min，使细胞质着色。

（4）脱水　切片依次入 95％（Ⅰ）→95％（Ⅱ）（或省略）→100％（Ⅰ）→100％（Ⅱ）乙醇，在各液中停留 1～5min。

（5）透明　切片依次经 1/1 的无水乙醇/二甲苯→二甲苯（Ⅰ）→二甲苯（Ⅱ），各液中停留 1～5min。

（6）封固　从二甲苯（Ⅱ）取出的切片，用吸水纸吸去多余的二甲苯。在材料中央滴一小滴中性树胶，用镊子加盖盖玻片，注意防止气泡出现。此外，因二甲苯易挥发，此步尽量要快。

封固后，将片子平放在干燥、无灰尘、通风处使树胶干燥。

【注意事项】

1. 取材

（1）取材动作要迅速，不宜做太久的拖延以免组织细胞的成分、结构等发生变化。

（2）切片材料应根据需要观察的部位进行选择，尽可能不要损伤所需的部分。

2. 固定

（1）一般固定液，都以新配为好，配好后应贮存在阴凉处，不宜放在日光下，以免引起化学变化，失去固定作用。

（2）有些混合固定液的成分之间会发生氧化还原作用，一定要在使用前才混合，如果混合太早，固定时就没有作用了。

（3）固定材料时，固定液必须充足，一般为材料块的 20～30 倍，有些水分多的材料，中间应更换 1～2 次新液。

（4）材料固定完毕后，保存于严密紧塞或加盖的容器里，同时在容器外贴上标签，以免相互混淆。标签上注明固定液、材料来源、日期等。标签上的文字，应用黑色铅笔或绘图黑墨水书写。

3．脱水

（1）脱水必须在有盖的玻璃器皿中进行，防止吸收空气中的水分。

（2）在更换高一级的脱水剂时，最好不要移动材料以免损坏，可用吸管吸出器皿中的脱水剂，再用吸管吸尽器皿内剩余液，然后于器皿中加入高一级脱水剂。

（3）在低浓度乙醇中，每级停留时间不宜太长，否则易使组织变软，助长材料的解体。

（4）在高浓度或纯乙醇中，每级停留的时间也不宜太长，否则会使组织变脆，影响切片。

（5）如需过夜，应停留在70％乙醇中。

（6）脱水必须彻底，否则不易透明，甚至使透明剂内出现白色浑浊现象。

4．透明

（1）使用透明剂时，要随时盖紧盖子，以免空气中的水分进入。

（2）更换每级透明剂，动作要迅速，一方面为了不使材料块干涸，另一方面能避免吸收湿气。

（3）在透明过程中，如果材料周围出现白色雾状，说明材料中的水未被脱净，应退回纯乙醇中重新脱水，然后再透明。

5．透蜡

（1）尽量保持在较低温度中进行，以石蜡不凝固为度。

（2）透蜡温度要恒定，不可忽高忽低。

（3）操作要迅速，力求在最短的时间内完成石蜡透入过程，以免引起组织变硬、变脆、收缩等。

6．染色

（1）染色时间应根据染色剂的成熟程度及室温高低，适当缩短或延长。室温高时促进染色，染色时间可短些，否则可适当延长时间，冬季室温低时可放入恒温箱中染色。

（2）伊红主要染细胞质，着色浓淡应与苏木精染细胞核的浓淡相配合。如果细胞核染色较浓，细胞质也应浓染，以获得鲜明的对比。反之，如果细胞核染色较浅，细胞质也应淡染。可在伊红乙醇液中滴加数滴冰醋酸助染，促使细胞质容易着色，并且经乙醇脱水时不易褪色。

（3）二甲苯应尽量保持无水，应经常更换，或用纱布包无水硫酸铜放入染色缸内吸收水分。切片如在二甲苯中出现白雾现象，说明脱水未尽，应退回乙醇中重新脱水，否则切片难以镜检。

【作业及思考题】

1．简述石蜡切片的原理。

2．石蜡切片制作过程中的注意事项有哪些？

实验 10

细胞骨架的观察

【实验目的】

1. 掌握细胞骨架的显示方法。

2. 了解荧光显微镜下细胞骨架的基本形态。

3. 了解各种试剂在细胞骨架染色观察中的作用。

【实验原理】

细胞骨架（cytoskeleton）是指真核细胞中的蛋白纤维网架体系。广义的细胞骨架包括细胞核骨架、细胞质骨架、细胞膜骨架和细胞外基质。细胞核骨架由核纤层、细胞核基质与染色体骨架构成。核周细胞骨架分布紧密，向外基质延伸时明显变得稀疏，质膜下维持细胞的外部形态。细胞膜骨架是质膜下与膜蛋白相连的由纤维蛋白构成的网架结构，比较稀疏，普遍存在于各种细胞中，参与维持质膜的形状，并协助质膜完成多种生理功能。胞质中的细胞骨架比较均匀，主要由微管和纤丝组成。狭义的细胞骨架是指细胞质骨架，包括微丝（microfilament，MF）、微管（microtubule，MT）、中间纤维（intermediated filament，IF）。

微管是细胞内由微管蛋白形成的直径约 20～26nm 的长度不一的小管，分布在核周围，呈放射状向胞质四周扩散，主要确定膜性细胞器的位置和作为膜泡运输的导管。微管蛋白有 α 和 β 两种。αβ 异二聚体沿纵向聚合成丝，原丝成环状排列形成微管的壁。微管不稳定，对低温（冷冻）、高压等物理因素及秋水仙素（微管断裂剂）等化学因素敏感。紫杉醇可以和微管蛋白多聚体结合，抑制微管解聚。

微丝是在真核细胞内主要由肌动蛋白（actin）组成的直径 5～7nm 的骨架纤丝，主要分布在细胞质膜的内侧，作用是确定细胞表面特征，并与细胞运动、收缩、内吞等功能有关。脊椎动物肌动蛋白分为 α、β 和 γ 三种类型，不同种类细胞中肌动蛋白组成不同。肌动蛋白单体为球形，依次连接成链，两串肌动蛋白链互相缠绕扭曲成一股微丝。细胞松弛素 B 为微丝断裂剂。

中间纤维是直径介于微丝和微管之间（7～11nm）、由多种不同蛋白质组成的细胞骨架成分。在细胞中围绕着细胞核分布，成束成网，并扩展到细胞质膜，与质膜骨架相连接。主要起机械支撑和加固作用。中间纤维在不同细胞中的蛋白质组成不同，可用于鉴定肿瘤细胞来源。

细胞骨架在细胞形态维持、细胞运动、物质运输、能量转换、信息传递、细胞分裂等一系列方面均有重要作用，所以对于细胞骨架的研究是近代细胞生物学最活跃的研究领域之一。由于细胞骨架易受各种理化因素的影响而发生形态变化，细胞骨架也常作为目标研究环境温度、放射线、重金属、致癌剂及抗癌药物等对细胞的影响。

显示细胞骨架中微丝的常用方法有两种：考马斯亮蓝染色法和鬼笔环肽染色法。考马斯亮蓝染色法具有简单易行的特点，但不能区分骨架蛋白的组成，仅能用于骨架形态及完整性研究。考马斯亮蓝 R250（Coomassie blue R250）是一种蛋白质染料，能非特异地显示细胞骨架蛋白；它可以使各种细胞骨架蛋白着色，显示微丝组成的张力纤维。张力纤维（直径 40nm）在体外培养细胞中普遍存在，与细胞对基质的附着、维持细胞扁平铺展的性状有关。用含去垢剂 TritonX-100 的缓冲液处理细胞，可以溶解膜脂，并与大部分非骨架蛋白疏水区结合而将其溶解掉，剩下细胞骨架系统的蛋白质不被溶解掉，可用考马斯亮蓝 R250 染色后，在光学显微镜下可见一种网状结构，为沿细胞长轴伸展的粗大纤维束，其主要成分为直径 40nm 左右的微丝束。鬼笔环肽（phalloidin）是从一种毒性菇类中分离的剧毒生物碱，它同细胞松弛素的作用相反，只与聚合的微丝结合，而不与肌动蛋白单体分子结合。由于鬼笔环肽非常特异地结合并稳定聚合态肌动蛋白，与微丝有强烈的亲和作用，能使纤维肌动蛋白稳定。用荧光染料甲基罗丹明标记的鬼笔环肽可以清晰地显示细胞中的微丝。

免疫荧光染色法因使用细胞骨架蛋白的特异性抗体，用免疫荧光、免疫酶标的方法显示细胞骨架，是显示细胞骨架成分的特异性方法。将体外培养细胞和特异性抗体（与细胞内的微管蛋白抗原相对应的特异性抗体）置于一定条件下一起温育，使抗体与胞内微管产生特异性结合，再加入用异硫氰酸荧光素（IPTG）标记的抗球蛋白抗体继续温育，两种抗体相互结合，这样，胞质内的微管间接被荧光素所标记，在荧光显微镜下可显现出胞质内的微管网络结构。

【实验用品】

1. 实验材料
体外培养的贴壁细胞，洋葱。

2. 实验器具
光学显微镜，荧光显微镜，细胞培养设备，细胞培养试剂，小染缸，烧杯，载玻片，滴管，盖玻片，擦镜纸，pH 计，玻璃滴管，容量瓶，试剂瓶，镊子，解剖刀，吸水纸。

3. 实验试剂
（1）0.01mol/L 磷酸盐缓冲生理盐水（PBS）

0.2mol/L 磷酸钠缓冲液（PB，pH 7.3）（参见附录）		50ml
NaCl		8g

双蒸水定容至 1000ml。

（2）0.2mol/L 磷酸钠缓冲液（参见附录）。

（3）M 缓冲液

咪唑（pH6.7）	50mmol/L	3.4g
KCl	50mmol/L	3.73g
$MgCl_2$	0.5mmol/L	0.1g
EGTA	1mmol/L	0.38g

EDTA·H$_2$O	0.1mmol/L	0.04g
巯基乙醇	1mmol/L	70μl
甘油	4mmol/L	294.8μl

定容到1L，用1mol/L HCl调pH至7.2。

注：M缓冲液是使细胞骨架中的微丝保持稳定的液体。在M缓冲液中，其中咪唑是缓冲剂，EGTA和EDTA螯合Ca^{2+}，MaCl$_2$提供Mg^{2+}，使骨架纤维在低钙条件下保持聚合状态并且较为舒张，便于观察。

（4）1％的TritonX-100/M缓冲液：量取1ml TritonX-100（聚乙二醇辛基苯基醚），加M缓冲液99ml即可。

（5）0.2％考马斯亮蓝R250 染液

甲醇	46.5ml
冰醋酸	7ml
蒸馏水	46.5ml
考马斯亮蓝R250	0.2g

（6）3％戊二醛-PB溶液（pH 7.3）。

（7）甲基罗丹明-鬼笔环肽染液。

（8）甘油-PBS：甘油和PBS（不含NaCl）等体积混合，pH 8.0。

（9）抗微管蛋白抗体（一抗）。

（10）FITC标记的羊抗兔抗体（二抗）。

【实验步骤】

1. 考马斯亮蓝R250染色显示植物细胞微丝

（1）撕取洋葱鳞叶内表皮若干片，大小约1cm^2，置于青霉素小瓶或小烧杯中。

（2）用磷酸缓冲液（PBS）浸泡3min。

（3）吸去磷酸缓冲液，用1％ TritonX-100，37℃处理25min。抽提细胞骨架以外的蛋白质，从而使骨架图像更加清晰。

（4）吸去TritonX-100，用M缓冲液洗3次，每次3min。M缓冲液有稳定细胞骨架的作用。

（5）用3％戊二醛固定15～20min。

（6）用PBS洗3次，每次3min。

（7）考马斯亮蓝染色20min。

（8）蒸馏水洗3次。

（9）置于载玻片上，盖上盖玻片，在光学显微镜下观察。

2. 甲基罗丹明标记的鬼笔环肽染色显示动物细胞微丝（也可用与植物细胞同样的染色方法）

（1）细胞培养在平皿中的盖玻片上，当细胞生长密度达70％～80％时取出盖玻片，用PBS洗3次。

（2）3％戊二醛固定15～20min，用PBS洗去固定液后，略干燥再放入预冷的-20℃丙酮中再固定3～5min，取出略干燥。

（3）甲基罗丹明-鬼笔环肽染色：滴加 20μl 染液在清洁的载玻片上，将盖玻片上的细胞样品反扣其上，放入湿盒内，置暗处室温下染色 20～25min，然后用 PBS 洗涤 3 次，无离子水洗涤，略干燥后用甘油-PBS 封片。

（4）荧光显微镜观察。

3. 间接免疫荧光染色显示植物细胞微管

（1）撕取洋葱鳞茎内表皮，置于 EP 管中。

（2）3％戊二醛固定 15～20min。

（3）用 PBS 洗 3 次，每次 5min。

（4）室温下浸于 1％ TritonX-100 内作用 20～30min。

（5）用预温至 37℃的 PBS 洗 3 次，每次 5min。

（6）洋葱鳞茎内表皮在载玻片上展平，向细胞标本滴加约 15μl 稀释好的抗微管蛋白抗体（一抗），放于人工湿盒内，37℃温育，反应 40～60min。

（7）取出洋葱鳞茎内表皮，放入 EP 管中用 PBS 洗 3 次，每次 5min。

（8）把洋葱鳞茎内表皮在载玻片上重新展平，向细胞标本滴加约 15μl 稀释好的 FITC 标记的羊抗兔抗体，放于人工湿盒内，37℃温育，反应 40～60min。

（9）取出，放入 EP 管中用 PBS 洗 3 次，每次 5min。

（10）将洋葱鳞茎内表皮从 EP 管中取出，在载玻片上展平。封片置荧光显微镜下观察。

【注意事项】

1. 防止洋葱鳞茎内表皮卷曲、折叠。

2. TritonX-100 处理时间应足够，处理完洗涤应充分，否则胞内会存在膜泡状结构及其他杂蛋白，干扰骨架染色及观察。TritonX-100 处理后各步操作应轻柔，避免容器剧烈振荡及吸管吹打过猛引起骨架蛋白束断裂。

3. 每一次加液或染色后，应用 PBS 洗 3 次，并用滤纸吸干。

4. 在实验时要注意荧光染料均存在猝灭问题，所以要尽量注意避光，以减缓荧光猝灭。

5. 动物细胞注意不要弄碎盖片，分清细胞所在面；各步洗细胞要轻，勿使细胞脱落。

【作业及思考题】

1. 画出实验所观察到的细胞骨架图，并注明放大倍数。

2. 为什么用 TritonX-100 的缓冲液处理材料？

实验 11

线粒体和液泡系的超活染色与观察

【实验目的】

1. 掌握细胞超活染色的原理及常用方法。
2. 了解活细胞内线粒体和液泡系的形态、数量与分布。

【实验原理】

活体染色是指对生活状态的细胞进行染色，且对细胞无毒害作用或毒害作用极小的一种染色方法。它的目的是显示活细胞内的某些结构，而不影响细胞的生命活动和产生任何物理、化学变化以致引起细胞的死亡。活体染色技术可用来研究生活状态下的细胞形态结构和基本的生命活动特征。

根据染色方法以及所用染色剂的性质的不同，通常把活体染色分为体内活染与体外活染两类。体内活染是将胶体状的染料溶液注入动、植物体内，染料的胶粒固定、堆积在细胞内某些特殊结构里，达到易于识别的目的。体外活染又称超活染色，它是由活的动、植物分离出部分细胞或组织小块，以染料溶液浸渍，染料被选择固定在活细胞的某种结构上而显色。

活体染料之所以能结合在细胞内某些特殊的部位，主要是染料的"电化学"特性起重要作用。碱性染料的胶粒表面带阳离子，酸性染料的胶粒表面带阴离子，而被染的部分本身也是具有阴离子或阳离子的，这样，它们彼此之间就发生了吸引作用。但不是任何染料皆可以作为活体染色剂之用，应选择那些对细胞无毒性或毒性极小的染料，而且总是要配成稀淡的溶液来使用。一般以碱性染料最为适用，可能因为它们具有溶解在类脂质（如卵磷脂、胆固醇等）的特性，易于被细胞吸收。

詹纳斯绿 B（Janus green B）和中性红（neutral Red）是活体染色剂中最重要的两种染料，对于线粒体和液泡系的染色各有专一性。

詹纳斯绿 B（$C_{30}H_{31}ClN_6$）（图 1-15），双氮嗪绿 B，又称健那绿 B，是毒性较小的碱性染料，可专一性地对线粒体进行超活染色。线粒体是细胞进行呼吸作用的场所，其形态和数

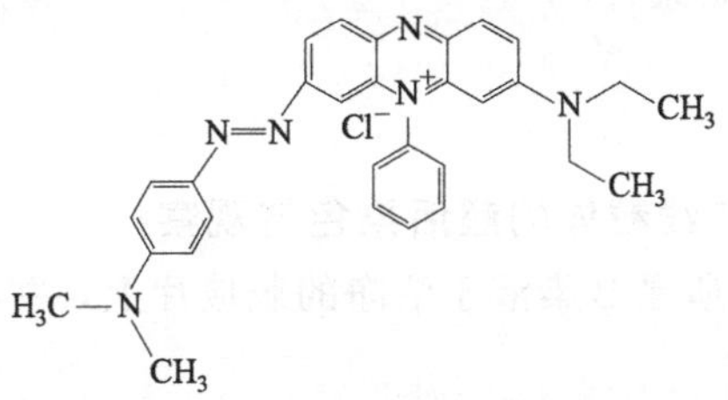

图 1-15　詹纳斯绿 B 结构图

量随不同物种、不同组织器官和不同的生理状态而发生变化。线粒体内膜上分布有细胞色素氧化酶，该酶的氧化性能使结合的詹纳斯绿 B 保持在氧化状态，呈现蓝绿色，从而使线粒体显色；而细胞中线粒体以外的詹纳斯绿 B 染料则被还原，呈现无色的状态。

中性红（$C_{15}H_{17}ClN_4$）（图 1-16），2-甲基-3-氨基-6-二甲氨基吩嗪盐酸盐，是一种弱碱性染色剂，可专一性地将液泡系细胞器染成红色。液泡系是指细胞内由单层膜围绕形成的各种细胞器的统称，包括高尔基体、溶酶体、内质网、转运泡、吞噬泡以及植物细胞的液泡等。中性红在酸性环境中可解离出大量阳离子而呈现樱桃红色。细胞的液泡系细胞器的膜上有质子泵，可以把细胞质基质中的氢离子主动运输到液泡系细胞器中，使其内部呈现酸性 pH 值，所以可以被中性红染成红色。生活状态细胞的细胞质、细胞核、线粒体等不会被中性红染色。如果细胞死亡，染料会弥散开来，使细胞核着色。

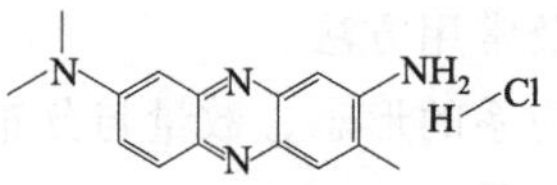

图 1-16 中性红结构图

细胞液泡系的超活染色观察实验常选用动物的软骨细胞或植物细胞。动物的软骨细胞内含有发达的粗面内质网和高尔基体，用于合成、分泌软骨黏蛋白和胶原纤维，分泌泡数量较多，液泡系发达。植物细胞一般也具有发达的液泡系：未发育成熟时具有较多的小液泡；在发育过程中，小液泡逐渐合并；发育成熟后具有一个大的中央液泡。

【实验用品】

1. 实验材料
（1）人口腔上皮细胞。
（2）小鼠（肝脏，睾丸）。
（3）洋葱（鳞茎）。
（4）小麦根尖。
（5）蟾蜍。

2. 实验器具
显微镜，恒温水浴锅，解剖盘，剪刀，镊子，双面刀片，载玻片，盖玻片，表面皿，培养皿，吸管，牙签，吸水纸等。

3. 实验试剂
（1）0.65％、0.9％ Ringer 溶液（参见附录）。
（2）詹纳斯绿 B 染液（0.02％）（参见附录）。
（3）中性红染液（参见附录）。

【实验步骤】

1. 人口腔黏膜上皮细胞线粒体的超活染色与观察
（1）滴 2 滴 0.02％詹纳斯绿 B 染液于洁净的载玻片上，并将载玻片放在 37℃恒温水浴锅的金属板上。
（2）用牙签粗头在自己口腔颊部黏膜处稍用力刮取上皮细胞，将第一次刮下的黏液状物洗去，将第二次刮下的黏液状物放入载玻片的染液滴中，染色 10～15min（注意不可使染液干燥，必要时可再滴加染液）。盖上盖玻片，用吸水纸吸去四周溢出的染液，置显微镜下观察。

（3）在低倍镜下，选择分散良好、周围杂质少、伸展平整的口腔上皮细胞，换高倍镜或油镜进行观察。

（4）观察结果：口腔上皮细胞近等径形，细胞质中分布有大量被染成蓝色的颗粒状结构，即线粒体。

2. 小鼠肝细胞、精子细胞线粒体的超活染色与观察

（1）用颈椎脱位法处死小鼠，置于解剖盘中，剪开腹腔，取小鼠肝组织，选取边缘较薄的肝组织 2～3mm³，放入表面皿内，用吸管吸取 0.9％的 Ringer 溶液，浸泡冲洗肝脏，用滤纸吸去 Ringer 溶液及洗出的血液；重复清洗 3 次。

（2）加入 0.02％詹纳斯绿 B 染液，半浸没肝组织块，染色 30min。注意不可将组织块完全淹没，要使组织块上面部分半露在染液外，这样细胞内的线粒体氧化酶系可以获得氧气，充分发挥氧化功能，使詹纳斯绿 B 保持蓝绿色氧化状态，从而使线粒体着色。

（3）将组织块转移至载玻片上，用眼科剪将组织块着色部分剪碎，去除组织块，留下分散的肝细胞。

（4）滴加 1 滴 Ringer 溶液，制成肝细胞悬液，盖上盖玻片，用滤纸从盖玻片边缘吸去溢出的多余液体，镜检。

（5）将小鼠的睾丸和附睾一起分离取下，放置于培养皿中，用剪刀充分剪碎，滴加 0.02％詹纳斯绿 B 溶液进行染色（20～30min）。用吸管吸取少量细胞悬液，滴一滴于载玻片上，盖上盖玻片，镜检。

（6）观察结果：在低倍镜下寻找不重叠的肝细胞，转换至高倍镜或油镜下观察，可见肝细胞具有 1～2 个细胞核，细胞质中有许多被染成蓝绿色的小颗粒，即线粒体，注意其形态、数量和分布状况。

在低倍镜下寻找分散良好、能够游动的精子细胞，转换至高倍镜下观察，可见精子细胞的线粒体鞘（图 1-17）被染成蓝绿色。

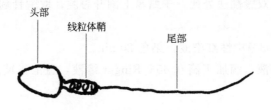

头部　　线粒体鞘　　尾部

图 1-17　精子细胞结构示意图

3. 洋葱鳞叶表皮细胞线粒体的超活染色与观察

（1）用吸管吸取 0.02％詹纳斯绿 B 染液，滴一滴于干净的载玻片上，然后，撕取一小片洋葱鳞叶内表皮（5mm×5mm），置于染液中染色 10～15min。

（2）用吸管吸去染液，加一滴双蒸水，注意使洋葱鳞叶表皮组织展平，盖上盖玻片进行观察。

（3）在高倍镜下，可见洋葱表皮细胞中央被一大液泡占据，细胞核被挤至一侧贴细胞壁处。仔细观察细胞质中线粒体的形态与分布。

4. 小麦根尖细胞液泡系的超活染色与观察

（1）实验前准备：培养皿内放置两层滤纸，用水湿润，但培养皿内不要有积水；滤纸上放置小麦种子使其发芽，幼根生长到1cm以上备用。

（2）用双面刀片把小麦幼苗根尖（从根的顶端到生长有根毛的区域）（图1-18）切下，做一个纵切，放到载玻片上，加1～2滴0.03％的中性红染液，染色10min。

（3）吸去染液，滴一滴双蒸水，盖上盖玻片，并用镊子轻轻地下压盖玻片，使根尖压扁，镜检。

（4）观察结果：在高倍镜下，根尖分生区生长点部位的细胞，细胞质中分散有很多大小不等的染成樱桃红色的圆形小泡，这是初生的幼小液泡。在伸长区，细胞已有了初步分化与伸长生长，液泡的染色较浅，体积增大，数目变少。在成熟区的细胞中，一般只有一个淡红色的巨大液泡，占据细胞的绝大部分空间，将细胞核挤到细胞一侧贴近细胞壁处。

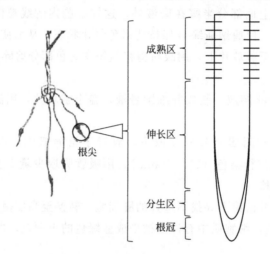

图1-18　小麦幼苗根尖结构示意图

5. 蟾蜍软骨细胞液泡系的超活染色与观察

（1）取一只蟾蜍，双毁髓法处死，于蜡盘上剖开腹腔，取胸骨剑突软骨最薄部分的一小片，置于载玻片上。

（2）加1～2滴0.03％中性红染液，染色20min。

（3）用滤纸吸去染液，滴加1滴0.65％Ringer溶液，盖上盖玻片。用滤纸吸去盖玻片周围溢出的多余液体。

（4）镜检。

（5）观察结果：先用低倍镜找到组织较薄的区域，转高倍镜观察。软骨细胞为椭圆形，细胞质中分散有许多染成樱桃红色、大小不一的小泡，即细胞液泡系。

【注意事项】

1. 詹纳斯绿B溶液要现用现配，以保持它的充分氧化能力。

2. 超活染色是体外活体染色，保持细胞活性是关键。所以，从生物体上取材时，速度要快；并通过控制适宜的温度与使用适宜浓度的溶液，尽量避免实验过程中组织细胞的死亡。

3. 因为生物材料的染色时间比较长，所以染色过程中要注意添加染液，防止染液挥发干。

4. 在观察小鼠精子线粒体鞘时操作要迅速，捣碎充分，才能有机会看到精子的游动过程。如果精子分散良好，并且都不再游动了，可能是染色时间过长，虽然染液毒性很小，但还是有毒性，染色时间过长对细胞不好，可能使细胞活性降低。

5. 在小鼠肝细胞线粒体超活染色观察时，要注意区分肝细胞和红细胞，肝细胞要比红细胞的体积大。

6. 杀死小鼠后，应当把血排尽；取出的肝组织块要小，否则用 Ringer 溶液清洗时，难以洗净其中的血液，观察肝细胞线粒体时，红细胞比较多，影响观察。

【作业及思考题】

1. 小麦根尖经中性红超活染色，为什么看到生长点细胞中液泡多，且染色深？延长区细胞中液泡数量少，染色浅？

2. 绘洋葱表皮细胞和人口腔上皮细胞线粒体的形态与分布图。

3. 绘小麦根尖液泡系的形态与分布图。

实验 12

细胞DNA的染色——Feulgen反应

【实验目的】

1. 学习 DNA 的 Feulgen 染色方法，并了解 Feulgen 反应原理。

2. 掌握甲基绿-派洛宁法（methyl green-pyronin method），并了解 DNA 在细胞中的分布。

【实验原理】

孚尔根反应（Feulgen reaction）是特异性显示 DNA 的最经典方法，得到了非常广泛的应用。其原理是 DNA 经过稀盐酸水解后的嘌呤碱和脱氧核糖之间的键打开，脱氧核糖的 C 端形成游离的醛基（—CHO）。游离的醛基再同 Schiff 试剂的无色品红反应形成紫红色化合物，使细胞内含有 DNA 的部位形成光镜下所见的细胞核内紫红色反应产物。DNA 经稀盐酸处理而水解，除可破坏脱氧核糖与嘌呤碱外，还可水解嘧啶碱。酸水解核酸的程度与水解时间长短有关，随着水解时间的延长，嘌呤碱基增多，形成的醛基也随之增多，Feulgen 反应加强。如果水解时间过长，DNA 将完全水解，反而使 Feulgen 反应减弱。DNA 水解时间因组织种类和固定液不同而异，需通过预实验找到合适的水解温度和时间。由于 Schiff 试剂能与醛基结合，故不能用含醛的固定液固定组织，常用 Carnoy 固定液。Bouin 液不适用于 Feulgen 反应，因为固定液中含较多的酸，可将 DNA 水解，影响染色反应。

Schiff 试剂是显示醛基的特异试剂，其反应原理是碱性品红（为紫红色）经亚硫酸处理后变为无色 Schiff 液，Schiff 液遇到醛基时，则被还原形成原有的颜色，即紫红色。碱性品红结构中的醌基是碱性品红具有紫红色的核心结构，经亚硫酸处理后，则醌基两端的双键打开，形成无色的 Schiff 试剂。如果加热使 SO_2 逸出，则恢复品红原来的颜色而失去对 DNA 的染色效果，故配好的 Schiff 试剂应避免 SO_2 逸出。

Feulgen 反应原理见图 1-19。

【实验用品】

1. 实验材料

洋葱鳞茎。

2. 实验器具

显微镜，恒温水浴箱，温度计，解剖针，酒精灯，试管，烧杯，载玻片，盖玻片，吸水纸。

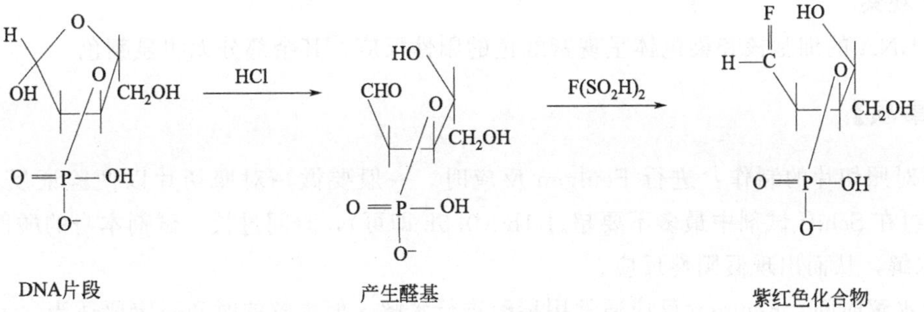

图 1-19　Feulgen 反应原理

3. 实验试剂

(1) Carnoy 固定液：3 份 95％乙醇：1 份冰醋酸。

(2) Schiff 试剂：用三角烧瓶煮沸 100ml 蒸馏水，称取 0.5g 碱性品红（basic fuchsin）加入，煮沸并充分搅拌溶解，冷却至 50℃时，过滤到棕色瓶中，加入 1mol/L HCl 10ml。冷却至 25℃，加入 0.5g 偏重亚硫酸钾（$K_2S_2O_5$）或偏重亚硫酸钠（NaS_2O_5），摇匀后盖紧瓶塞。暗处过夜，呈淡黄色或近于无色。加活性炭 0.5g，振荡 1min，静置 30min，过滤后即得无色品红。需棕色瓶密封，4℃保存。如有白色沉淀就不能再用，如颜色变红可以加入少许偏重亚硫酸钠，使其再转变为无色就可以再用。

(3) 1mol/L HCl：取浓盐酸 8.25ml 加 100ml 的蒸馏水。

(4) 亚硫酸水溶液（10％NaS_2O_5）：10％ NaS_2O_5 水溶液 5ml，蒸馏水 100ml，1mol/L HCl 5ml，现用现配。

(5) 0.2mol/L 醋酸缓冲液（pH 4.8）：取 1.2ml 冰醋酸加蒸馏水 100ml 混匀。再称取 2.72g 醋酸钠（$NaAc \cdot 2H_2O$）溶于 100ml 蒸馏水中，使用时两种液体按 2：3 比例混合。

(6) 5％三氯乙酸。

【实验步骤】

1. 取材

取 Carnoy 固定液中洋葱根尖 3 个，分别进行操作：1 个放在 5％三氯乙酸中 90℃水浴 15min，吸去三氯乙酸，然后从第 2 步水解进行操作（对照 1）；1 个不用水解，直接从第 3 步进行操作（对照 2）；最后 1 个为实验组，从第 2 步水解进行操作。

2. 水解

将材料放入 1mol/L 盐酸中，加热到 60℃水解 8～10min。

3. 染色

转入 Schiff 试剂中，在常温下染色 30min，根尖前端变为浅红色。

4. 漂洗

在新配制亚硫酸水溶液中洗 2 次，每次 1min；漂洗 2min 后，在载玻片上切下深红色根尖备用。

5. 压片

加一滴 45％的醋酸在载玻片上，将根尖放入醋酸缓冲液中，盖上盖玻片压片。

6. 观察

有 DNA 的细胞核和染色体呈现紫红色的阳性反应，其余部分无明显颜色。

【注意事项】

1. 对照切片的制作：进行 Feulgen 反应时，一般要做一对照切片以便验证反应结果。但对照组在 Schiff 试剂中最多不要超过 1h（0.5h 即可），时间过长，试剂本身的酸性也会使 DNA 水解，从而出现假阳性反应。

2. 水解时间：Feulgen 反应通常用稀酸进行水解，但水解的时间一定要适当。一般预实验确定水解时间。

3. Schiff 试剂的作用：Feulgen 反应成功与否的一个非常关键的因素，选用注明 "DNA 染色反应用" 的碱性品红才行。此外，Schiff 试剂的配制方法也可影响 DNA 的染色反应。

【作业及思考题】

1. 简述 Feulgen 反应的原理和实验的关键步骤。
2. 绘图示洋葱根尖细胞或鳞茎表皮细胞 DNA 的分布部位。

实验 13

细胞糖类的染色——PAS反应

【实验目的】

1. 了解 PAS 反应的原理。
2. 掌握 PAS 反应的方法。

【实验原理】

多糖是单糖分子以糖苷键结合成大分子的化合物。凡是化学结构上含有多糖分子的物质都被称为多糖类。包括糖原、黏多糖、糖蛋白和糖脂类。多糖类物质存在于机体内很多组织和细胞中，比如肝细胞、肌肉细胞、消化道和呼吸道的黏液细胞、软骨基质、基底膜、胶原纤维等。多糖分子一般含有乙二醇基（—CHOH—CHOH—），可被过碘酸氧化为二醛（CHO—CHO），二醛能与席夫试剂（Schiff reagent）反应生成紫红色不溶性复合物（图 1-20），定位于胞浆上。这个反应对于二醇基有特异性。

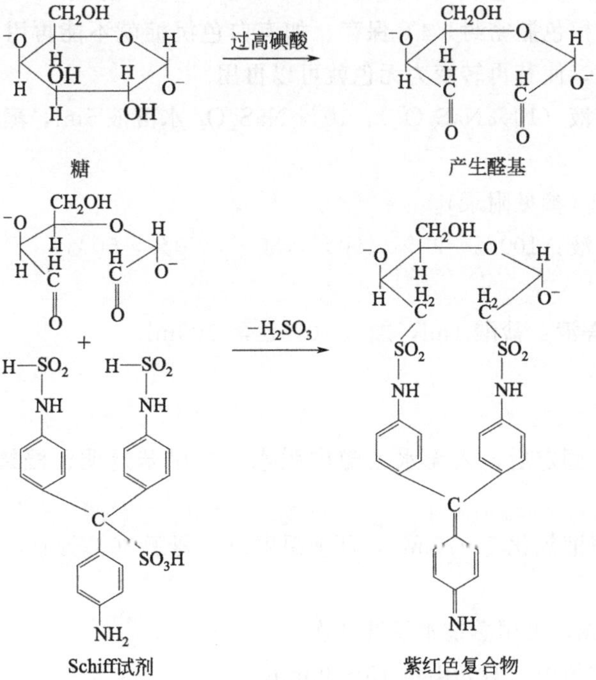

图 1-20　PAS反应

PAS 染色（periodic acid-Schiff stain）又称过碘酸席夫（Schiff）染色、糖原染色。

PAS反应可以显示包括糖原在内的所有多糖，因此该方法对某种多糖不具特异性。该染色法是病理学中常规的染色方法之一，不仅能够显示糖原还能显示中性黏液性物质和某些酸性物质以及软骨、垂体、霉菌、真菌、色素、淀粉样物质、基底膜等。随着医学实验技术的发展，近年来，糖原染色应用的范围更加广泛，如用以证明与鉴别细胞内空泡状的性质、心肌病变及其他心血管疾病的诊断、糖原累积病诊断和研究、糖尿病的诊断和研究、用于某些肿瘤的诊断等。除用于糖原的鉴定和黏液的显示外，还可以观察肾小球基底膜、结肠杯状细胞中性黏液物质、阿米巴滋养体和霉菌的着色，为临床诊断、分类和治疗提供了重要的依据。

【实验用品】

1. 实验材料

小鼠肝细胞石蜡切片。

2. 实验器具

载玻片，盖玻片，染色缸，显微镜，小烧杯，移液枪、枪头，镊子，刀片。

3. 实验试剂

（1）过碘酸乙醇溶液：取过碘酸（$HIO_4 \cdot 2H_2O$）0.4g溶于35ml纯乙醇中，加入5ml的0.2mol/L醋酸钠（醋酸钠2.72g溶于100ml蒸馏水中），再加入15ml蒸馏水。棕色瓶4℃避光保存，此液如显黄色即失效。

（2）Schiff试剂　用三角烧瓶煮沸100ml蒸馏水，称取0.5g碱性品红（basic fuchsin）加入，煮沸并充分搅拌溶解，冷却至50℃时，过滤到棕色瓶中，加入1mol/L HCl 10ml。冷却至25℃，加入0.5g偏重亚硫酸钾（$K_2S_2O_5$）或偏重亚硫酸钠（NaS_2O_5），摇匀后盖紧瓶塞。暗处过夜，呈淡黄色或近于无色。加活性炭0.5g，振荡1min，静置30min，过滤后即得无色品红。需棕色瓶密封，4℃保存。如有白色沉淀就不能再用，如颜色变红可以加入少许偏重亚硫酸钠，使其再转变为无色就可以再用。

（3）亚硫酸水溶液（10%NaS_2O_5）：10% NaS_2O_5 水溶液5ml，蒸馏水100ml，1mol/L HCl 5ml，现用现配。

（4）苏木精染液（参见附录）。

（5）梯度乙醇溶液：100%，95%，90%，80%，70%，50%。

（6）二甲苯。

（7）1%盐酸乙醇液：盐酸1ml，加入70%乙醇100ml。

【实验步骤】

1. 取新鲜肝脏，固定后，入无水乙醇中脱水、二甲苯透明、浸蜡、包埋，常规切片，脱蜡、复水。

2. 放入过碘酸溶液氧化5～10min，环境温度以不高于20℃为宜，室温高时氧化时间适当缩短。

3. 流水冲洗5min，再用蒸馏水浸洗2次。

4. 转入Schiff试剂中，避光染色10～30min。

5. 亚硫酸水溶液浸洗2次，每次约1min。

6. 流水冲洗5～10min，蒸馏水冲洗。

7. 苏木精染液染色 2～5min，自来水洗。

8. 1%盐酸乙醇分化，自来水充分冲洗。

9. 温水（或 1%氨水）返蓝，核染色稍浅为好。

10. 流水冲洗，常规脱水、二甲苯透明，中性树胶封固。

11. 镜检观察。

【注意事项】

1. Schiff 试剂变红即不能再用，以免细胞出现假阳性。

2. 配制 Schiff 试剂的器具需十分清洁干燥。配好的 Schiff 试剂应于棕色瓶内暗处保存。

3. 已染色的标本不能久置，应尽早观察结果。

【作业及思考题】

1. 试述 FAS 反应的方法。

2. Schiff 试剂的作用是什么？

实验 14

染色体标本的制备

【实验目的】

1. 了解利用动物细胞染色体制片的一般方法，掌握细胞收集、低渗、滴片等技术手段。
2. 了解各操作步骤的原理。

【实验原理】

1. 染色体技术

染色体是细胞分裂时期遗传物质存在的特定形式，是染色质紧密包装的结果。真核细胞染色体的数目和结构是重要的遗传指标之一。制备染色体标本是细胞遗传学最基本的技术，可用于染色体组型分析，物种的特征及种属亲缘关系分析，分析物种的变异和进化过程，识别单条染色体及基因定位，染色体疾病研究、肿瘤学研究及产前诊断，环境毒物、临床药物毒性检测。在物种进化、作物育种、性别鉴定、基因定位以及癌症和遗传性疾病的诊断中，需要制备染色体标本。

染色体的制备在原则上可以从所有发生有丝分裂的组织和细胞悬液中得到。最常用的途径是从骨髓细胞、血淋巴细胞和组织培养的细胞中制备染色体。小型动物的染色体制片最好最有效的材料就是骨髓组织。在骨髓细胞中，有丝分裂的指数是相当高的，因此可以直接得到中期细胞而不需要像血淋巴细胞或其他组织那样要经过体外培养，主要的中期相来自细胞系统，也来自各种骨髓细胞。对大型动物通常采用对髂骨、脊柱或胸骨穿刺术吸取红骨髓，小型动物多采用剥离术取股骨以获得骨髓细胞。以骨髓为材料进行染色体研究的优点是不需要培养，细胞数目越多，分裂数目越高，并能真实反映体内真实情况。在人类染色体研究中，外周血是制备染色体标本的重要材料之一。人体外周血含有许多小淋巴细胞，通常都在 G_1 期或 G_0 期，一般情况下是不分裂的。在离体培养条件下，加入植物凝血素（PHA），小淋巴细胞受刺激转化为淋巴母细胞，随后进入有丝分裂。经过短期培养，秋水仙素处理，低渗和固定，就可获得大量的有丝分裂细胞，供作染色体标本制备和分析用。

2. 纺锤体的抑止

在细胞分裂时，随着纺锤体的形成，染色体紧靠在一起，很难进行分析。因此，破坏纺锤体，使染色体依然呈游离状态，不再黏附至细胞内任何结合力上，在随后制作标本时一旦受到压力，染色体就很容易铺展开来。细胞分裂中纺锤体是由微管组成的。微管由微管蛋白组成，微管蛋白分 α 微管蛋白和 β 微管蛋白两种，α 微管蛋白和 β 微管蛋白彼此间具有很强的亲和力，常呈二聚体形式存在。其中β微管蛋白肽链中第201位的半胱氨酸为秋水仙素（colchicum）与之结合的部位，秋水仙素与之结合后会引起微管解聚。故秋水仙素具有干扰微管装配、破坏纺锤体形成和终止细胞分裂的作用。但是这一作用不影响染色体的复制和着丝粒的分裂，因此它可使分裂的细胞停留在中期，获得大量分裂相，以供分析之用。秋水仙素是一种生物碱，易溶于水、乙醇和氯仿，难溶于热水、乙醚等，味苦，有毒。秋水仙素不仅易溶于水，而且即便所用的浓度极低，其反应活性仍很高。

3. 低渗

细胞经过秋水仙素处理后，尽管染色体已经比较适合观察了，但还不能满足要求，因为大多数细胞的染色体数目多，形状小，加之主要的观察与分析均在油镜下进行，这就要求标本中的染色体彼此散开，并且尽可能处于同一平面上，这些均有赖于低渗处理。覆盖在染色体上的核仁物质大大地阻碍着染色体的分散，低渗液的渗透作用不仅可使黏附于染色体的核仁物质散开，清楚地显示每一个扭曲的染色体，而且还可以使细胞膨胀，染色体铺展。低渗溶液是指渗透压和离子强度均低的溶液，可以是水，低渗的柠檬酸钠或氯化钠、甘油磷酸钾（0.65mol/L）、氯化钾（0.075mol/L）、稀释的平衡盐溶液或培养基。处理时间一般为20～40min，处理温度为23～37℃。0.075mol/L的KCl作为低渗液，它可以使染色体的轮廓清楚，可染色性增强，染色时间缩短。

4. 固定

固定是将组织细胞或其成分选择性地固定于某一特定阶段的过程，其目的是在杀死细胞的同时避免所研究成分受到破坏。为此，在低渗处理后，应尽早加入固定液进行预固定。固定剂可迅速地穿透细胞，并将细胞瞬间杀死，使正在分裂的细胞立即阻留在各自特定的细胞周期时相上，否则原有的M期细胞的核分裂会继续下去，染色体松解为染色质，导致研究无法进行。另外，预固定可使细胞都处于相同的固定微环境中，这样固定收获的细胞不会凝结在一起。目前常用的卡诺氏固定液是由1份冰醋酸和3份甲醇混合而成的，其特点是穿透快，且很利于染色体结构的研究。所有的动植物和人类染色体的固定都可以用卡诺氏固定液，固定时间为15min至24h，温度为室温或稍冷。随着醋酸比例的增高，固定液膨胀的效能加大，有利于染色体的铺展，因此必要时可以改变酸和醇的比例，例如改成1∶2或1∶4等，但是如果过度膨胀则会导致细胞破碎，反而不利于分析。

5. 制片

固定完成后就进入制片阶段。早期多采用涂片法、挤压法，后来很快被气干法取代，现今气干法在哺乳类和人类细胞遗传学中广泛应用。气干法主要用于那些容易做成细胞悬液的组织，例如骨髓、外周血淋巴细胞、腹水和生殖上皮细胞等。所制片的染色体铺展较好，且处于同一焦平面上，操作较为简单，标本上的细胞密度较高，便于观察与分析。

6. 染色

一般采用Giemsa染色，Giemsa不是一种单一的染料，而是数种染料的混合物，它们是甲基蓝及其氧化产物天青（azure）和伊红Y。其染色的质量随所用染料的比例不同而异。染色体DNA很易与染料结合，而且实际上是作为一种催化剂促使噻嗪-曙红沉淀物的形成，在这一过程中，DNA的量和质都没有什么影响。Giemsa染液将细胞核染成紫红色或蓝紫色，胞浆染成粉红色，在光镜下呈现出清晰的细胞及染色体图像。

【实验用品】

1. 实验材料

体重18～25g的小白鼠，人静脉外周血。

2. 实验器具

带数码相机的光学显微镜，倒置显微镜，CO_2培养箱，超净台，培养瓶，移液枪、枪头和枪头盒，眼科剪，眼科镊，注射器，刻度离心管、低速离心机，恒温水浴锅，温度计，酒精灯，载玻片，染色架，定时钟，废液缸，纱布，烧杯，标签纸，记号笔，大培养皿，擦镜纸，移液器，冰箱。

3. 实验试剂

$200\mu g/ml$秋水仙素，生理盐水，0.075mol/L KCl低渗液，Carnoy固定液（甲醇：冰醋酸＝3：1），pH6.8磷酸缓冲液，Giemsa染液，RPMI 1640培养液，小牛血清，双抗，肝素，PHA（植物凝集素），PBS，75%乙醇。

【实验步骤】

1. 小鼠骨髓细胞染色体标本的制备

（1）腹腔注射秋水仙素溶液：在做实验前3～4h，对实验用小鼠按$4\mu g/g$体重的量进行秋水仙素注射。

（2）取材：用断颈法迅速将小鼠处死，通过解剖取出股骨，剔除肌肉，生理盐水洗净。剪去股骨两头（图1-21），用注射器吸取生理盐水将针头插入骨髓腔中冲洗骨髓，使冲洗液从股骨的另一端流出，收集冲洗液到10ml的离心管中，反复数次，至骨髓腔发白。1000r/min离心10min，弃上清液。

图1-21 截取小鼠股骨中段

（3）低渗：将预热的低渗液约5ml加入离心管，用吸管吹打混匀，然后把离心管放在37℃恒温水浴槽内低渗20min（中途用吸管混匀）。1000r/min离心10min，弃上清液。

（4）预固定：取出离心管加5ml的固定液（现用现配），吹打之后放入37℃恒温水浴槽内固定10min。然后1000r/min离心10min，弃上清液。

（5）再固定：加入固定液继续固定15min（先吹打，再放入恒温水浴槽）。然后1000r/min离心10min，弃上清液。

（6）制备细胞悬液：离心结束弃上清液，最后留大约与沉淀等量的上清液，吹打混匀（也可取约0.5ml细胞悬液加1.5ml固定液制备成稀释后的细胞悬液）。

（7）滴冰片（之前步骤中等候的时间制作冰片，玻片必须洗干净）：从冰箱里取出预冷的载玻片4块，手持吸管在载玻片上方向下滴片（也可把玻片放在地上，站着向下滴片）。用口轻轻吹散，在酒精灯火焰上过几下。

（8）干燥：让其自然晾干。

（9）染色：在玻片上滴加 Giesma 溶液（Giesma 原液：磷酸盐缓冲液＝1：9，此混合液必须现用现配），使染液混匀并覆盖细胞，染色 15min。

（10）去浮色：清水冲洗，风干。

（11）镜检：先用低倍镜找到一好的分裂相区域，然后转用高倍镜观察。

（12）观察和照相：用油镜观察，并选取良好的视野照相。选择 20 个染色体形态较典型、分散较好的分裂相计数小鼠骨髓细胞的染色体数。

2. 人外周血淋巴细胞染色体标本的制备

（1）采取血样：用 2ml 灭菌注射器吸取肝素湿润管壁，消毒皮肤，静脉采血 1～2ml。在无菌条件下，向含有 5ml RPMI 1640 培养基的培养瓶中接种 0.3ml 全血，轻轻摇匀。男女血样各一份。

（2）血细胞培养：将两瓶装有血细胞的培养瓶置 CO_2 培养箱中于 37℃ 培养 66～72h，终止培养前 3～4h 加入秋水仙素，使终浓度为 0.4～0.8μg/ml。

（3）收集细胞：取出培养瓶，收集细胞，转移到离心管中，1000r/min 离心 10min，弃上清液。

后续步骤接"小鼠骨髓细胞染色体标本的制备"中"（3）低渗"至结束，获得较好的染色体标本照片。

【注意事项】

1. 秋水仙素的注射剂量与时间对观察中期染色体的形态影响很大。掌握好秋水仙素的浓度和处理时间，浓度过高、处理时间过长都会使染色体过分收缩，不利于形态观察。

2. 由于小鼠的股骨较细，因此应细心地剥去皮肤，然后用手术剪剪去两端骨骺，用装有生理盐水的注射器针小心插入骨髓腔将生理盐水注射完毕，并反复从两端冲洗将骨髓冲洗出来，冲洗直至骨髓腔变白。此外要防止注射器针头阻塞。

3. 低渗处理是实验成败的关键，其目的是使细胞体积胀大，染色体松散。低渗处理时间过长，会造成细胞破裂，染色体丢失。低渗处理时间不足，细胞内染色体则易聚集在一起，不能很好伸展开来，观察时无法区分和计数。

4. 固定液要现配现用。用固定液固定染色体形态至关重要，固定时间要充分，应在 20min 以上。

5. 载玻片事前用酸液浸泡 24～48h，自来水反复冲洗后，再用双蒸水冲洗后，烘干备用。临用前，用洁净纸包裹置于 4℃ 冰箱中。

6. 对于离心过后的沉淀于管底中的沉淀物，要用吸管吸入固定液将细胞轻轻吸打均匀。尤其最后一步，如果混合不均匀，可造成细胞聚集成团，在镜下就不易见到散在的中期染色体，影响染色体的后期分析。

7. 滴片要高。

8. 观察时寻找染色体要细心耐心。

9. 细胞培养的操作及培养条件严格无菌、无污染。

10. 采集血液时不要加入过多的肝素，肝素过多可能引起溶血和一些淋巴细胞转化分裂，且接种时血样愈新鲜愈好，避免保存时间过长影响活力。

【作业及思考题】

1. 低渗液起什么作用，在使用过程中应注意什么问题？
2. 在此实验中秋水仙素的作用是什么？

实验 15

核型分析

【实验目的】

1. 学习人类染色体标本的制作方法。
2. 学习染色体核型的分析方法，了解人类染色体的特征。

【实验原理】

1. 染色体组型特征

染色体组型（核型）是指生物体细胞所有可测定的染色体表型特征的总称。包括：染色体的总数，染色体组的数目，组内染色体基数，每条染色体的形态、长度、着丝粒的位置，随体或次缢痕等。染色体组型是物种特有的染色体信息之一，具有很高的稳定性和再现性。组型分析除能进行染色体分组外，还能对染色体的各种特征做出定量和定性的描述，是研究染色体的基本手段之一。利用这一方法可以鉴别染色体结构变异、染色体数目变异，同时也是研究物种的起源、遗传与进化，细胞遗传学，现代分类学的重要手段。

人类细胞有丝分裂中期染色体形态典型，便于分析，一般都分析中期分裂相。对任何一个染色体的基本形态学特征来说，重要的参数有如下 4 个：

（1）相对长度，指单个染色体长度与包括 X 染色体（或 Y 染色体）在内的单倍染色体总长之比，以百分率（或千分率）表示。

$$相对长度 = \frac{每条染色体长度}{单倍常染色体 + X 或 Y 染色体的总长} \times 100\%$$

（2）臂指数，指长臂同短臂的比率。

$$臂指数 = \frac{长臂长度}{短臂长度}$$

按 Levan（1964）的标准划分：臂指数在 1.0～1.7 之间为中部着丝粒染色体；臂指数在 1.7～3.0 之间为亚中部着丝粒染色体；臂指数在 3.0～7.0 之间为亚端部着丝粒染色体；臂指数大于 7.0 者为端部着丝粒染色体。

（3）着丝粒指数，指短臂占整条染色体长度的比率，它决定着丝粒的相对位置。

$$着丝粒指数 = \frac{短臂长度}{该条染色体长度} \times 100\%$$

按 Levan（1964）的划分标准，着丝粒指数在 50.0～37.5 之间为中部着丝粒染色体，着丝粒指数在 37.5～25.0 之间为亚中部着丝粒染色体，着丝粒指数在 25.0～12.5 之间为亚端部着丝粒染色体，着丝粒指数在 12.5～0.0 之间为端部着丝粒染色体。

（4）染色体臂数，是根据着丝粒的位置来确定，着丝粒位于染色体端部，为端部着丝粒染色体，其臂数可计为一个。当着丝粒位于染色体的中部或亚中部，染色体臂数可计为二个。

2. 人类染色体组型

人类的单倍体染色体组（$n=23$）上约有 30000～40000 个结构基因。平均每条染色体上有上千个基因。各染色体上的基因都有严格的排列顺序，各基因间的毗邻关系也是较为恒定的。

按照 Denver 体制，将待测细胞的染色体进行分析和确定是否正常，以及异常特点即为核型分析。人类染色体分组及形态特征见表 1-2 和图 1-22。

表 1-2　人类染色体分组及形态特征（非显带标本）

组别	染色体序号	形态大小	着丝粒位置	次缢痕	随体
A	1～3	最大	M(1、3),SM(2)	1 号染色体常见	
B	4～5	次大	SM		
C	6～12,X(介于 7～8 之间)	中等	SM	9 号染色体常见	
D	13～15	中等	ST		有
E	16～18	小	M(16),SM	16 号染色体常见	
F	19～20	次小	M		
G	21～22,Y	最小	ST		有(22、21)

A 组：1～3 号，可以区分。1 号，最大，M，长臂近侧有一次缢痕；2 号，较大，SM；3 号，较大，比 1 号染色体短（1/3～1/4）。

B 组：4～5 号，体积较大，SM，短臂相对较短，两者不容易区分。

C 组：6～12 号，X。中等大小，SM，较难区分。6、7、8、11 和 X 染色体的着丝粒略近中央，短臂相对较长；9、10、12 染色体的着丝粒偏离中央。9 号染色体长臂有较大次缢痕。X 染色体介于 7～8 之间，但在非显带标本中难以区分。

D 组：13～15 号，中等大小，ST，均具有随体，但不一定显现或同时显现，随体的大小存在个体的差异。在非显带标本中难以区分。

E 组：16～18 号。染色体小。16，M，长臂近着丝粒处有一次缢痕，其存在使 16 号染色体的大小存在较大差异；17，SM，短臂较长；18，SM，是 SM 中最短的一对染色体，短臂较短。在质量较好的标本中，一般可以区分 16～18 号染色体。

F 组：19～20 号。次小的 M。在非显带标本中难以区分。

G 组：21～22 号，Y。最小的 ST。21、22 染色体的长度略有差别，但为适应临床上已将 Down 综合征沿用为 21 三体（而显带证明与此综合征相关的是较小的那条染色体）综合征的叫法，巴黎会议（1971）建议，把这最小的一对改称为第 21 号（而稍大的一对称为 22 号），而把较小的这对第 21 号染色体排在稍大的 22 号前面。

Y 染色体的特征：无随体，染色体一般比 21、22 长；两条姊妹染色单体长臂常平行并拢，而 21、22 则相互叉开；长臂端部常呈现绒毛状，形态不清晰；与其他染色体相比，着色往往较深；着丝粒不明显。

根据 Denver 体制规定，正常核型的描述方式为：46，XX；46，XY。

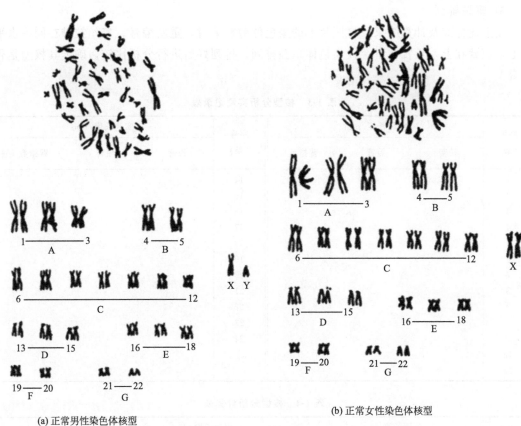

(a) 正常男性染色体核型　　(b) 正常女性染色体核型

图 1-22　人类正常染色体核型

【实验用品】

1. 实验材料

人外周血淋巴细胞染色体标本。

2. 实验器具

直尺，剪刀，电脑，Photoshop 图像编辑软件。

【实验步骤】

1. 染色体测量

选取实验 14 中最好的照片，目测相片上每条染色体长度，按长短顺序初步编号，写在每条染色体相片背面，逐个测量每条染色体长度（长臂长、短臂长），换算出各条染色体的实际（绝对）长度、相对长度、臂指数及着丝粒位置。有随体的染色体，其随体长度和次缢痕长度可计入全长，也可不计入，但必须加以说明。将测量和计算的数据分别记录如表 1-3 和表 1-4。

2. 配对

将同源染色体配对，配对的依据是染色体是否相等，臂指数是否相等，随体的有无和大小。

3. 剪贴排列

按上述标准及计算结果，将照片上的染色体剪贴配对，重新编号。着丝粒排在同一水平线上，短臂在上，长臂在下，性染色体单独排列。排列好后进行分析比较，确定其核型是否正常。

表 1-3　核型分析实测记录表

序号（条）	实测长度/mm			序号（条）	实测长度/mm		
	长臂	短臂	臂指数		长臂	短臂	臂指数
1				14			
2				15			
3				16			
4				17			
5				18			
6				19			
7				20			
8				21			
9				22			
10				23			
11				24			
12				⋮			
13							

表 1-4　核型分析计算表

序号（对）	实测长度/mm			相对长度/%			臂指数	染色体类型
	长臂	短臂	全长	长臂	短臂	全长		
1								
2								
3								
4								
5								
6								
7								
8								
9								
10								
11								
12								
⋮								
总　和								

【作业及思考题】

1. 制作染色体核型图，并绘制染色体模式图。
2. 简要描述实验所测核型的分析结果。

实验 16

染色体G带技术

【实验目的】

1. 初步掌握染色体 G 带标本的制备技术。
2. 了解人类染色体 G 带的带型特征。

【实验原理】

人们用各种不同的方法，以及用不同的染料处理染色体标本后，使每条染色体上出现明暗相间或深浅不同带纹的技术称为显带技术（banding technique）。20 世纪 70 年代以来，显带技术得到了很大发展，且在众多的显带技术（Q 带、G 带、C 带、R 带、T 带）中，G 带是目前被广泛应用的一种带型。因为它主要是被 Giemsa 染料染色后而显带，故称为 G 显带技术，其所显示的带纹分布在整个染色体上。研究发现，人类染色体标本经胰蛋白酶、NaOH、柠檬酸盐或尿素等试剂预处理后，再用 Giemsa 染色，可使每条染色体上显示出深浅交替的横纹，这就是染色体的 G 带（图 1-23）。每条染色体都有其较为恒定的带纹特征，所以 G 显带后，可以较为准确地识别每条染色体，并可发现染色体上较细微的结构畸变。关于 G 显带的机理目前有多种说法，有人认为，染色体显带现象是染色体本身存在着带的结构。一般认为，易着色的阳性带为含有 AT 多的染色体节段；相反，含 GC 多的染色体段则不易着色。

正常人各染色体的 G 带特征如下：

A 组：1～3 号染色体。

1 号染色体：短臂，近侧段有 2 条深带，第 2 深带稍宽。此臂分为 3 个区。长臂，副缢痕紧贴着丝粒，染色浓。其远侧为一宽的浅带，近中段与远侧段各有两条深带，此中段第 2 深带染色较浓，中段两条深带稍靠近。此臂分为 4 个区。

2 号染色体：短臂，可见 4 条深带，中段的 2 条深带稍靠近。此臂分为 2 个区。长臂，可见 7 条深带，第 3 和第 4 深带有时融合。此臂分为 3 个区。

3 号染色体：在长臂与短臂的近中段各具有 1 条明显的宽的浅带。短臂，一般在近侧段可见 1 条较宽的深带，远侧段可见 2 条深带，其中远侧 1 条较窄，且着色淡，这是区别 3 号染色体短臂的显著特征。此臂分 2 个区。长臂，一般在近侧段和远侧段各有 1 条较宽的深带。此臂分为 2 个区。该染色体的 G 带图有点像蝴蝶结。

B 组：4～5 号染色体。

4 号染色体：短臂，可见 2 条深带，近侧深带染色较浅。短臂只有 1 个区。长臂，可见

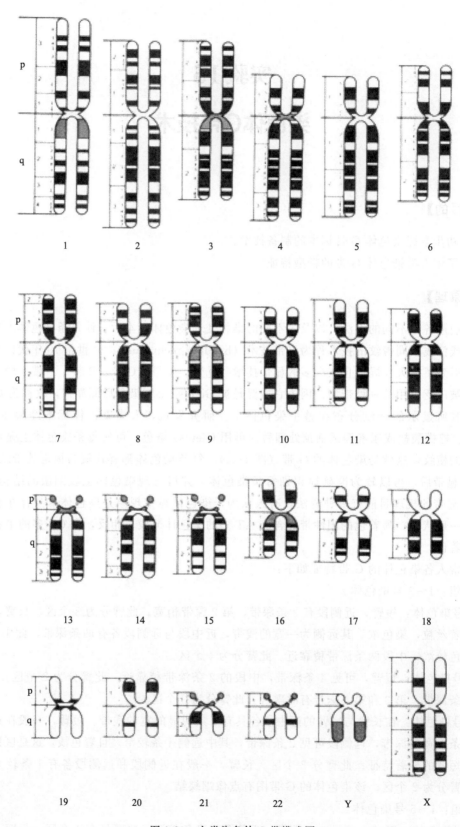

图 1-23　人类染色体 G 带模式图

均匀分布的 4 条深带。此臂分为 3 区。

5 号染色体：短臂，可见 2 条深带，其远侧的深带宽且着色浓。此臂仅 1 个区。长臂，近侧段 2 条深带，染色较淡，有时不明显；中段可见 3 条深带，染色较浓，有时融合成 1 条宽的深带；远侧段可见 2 条深带，近末端的 1 条着色较浓。此臂分为 3 个区。

C 组：6～12 号染色体和 X 染色体。

6 号染色体：短臂，中段有 1 条明显宽阔的浅带，形如"小白脸"，是此染色体的特征，近侧段和远侧段各有 1 条深带，近侧深带贴着丝粒。此臂分为 2 个区。长臂，可见 5 条深带，近侧 1 条紧贴着丝粒，远侧末端的 1 条深带着色较淡。此臂分为 2 个区。

7 号染色体：着丝粒着色浓。短臂，有 3 条深带，中段深带着色较淡，有时不明显；远测深带着色浓，形似"瓶塞"。此臂分为 2 个区。长臂，有 3 条明显深带，远侧近末端的 1 条着色较淡，第 2 和第 3 带稍接近。此臂分为 3 个区。

8 号染色体：短臂，有 2 条深带，中段有 1 条较明显的浅带，这是与 10 号染色体相鉴别的主要特征。此臂分为 2 个区。长臂，可见 3 条分界极不明显的深带。此臂分 2 个区。

9 号染色体：着丝粒着色浓。短臂，近侧段和中段各有 1 条深带。此臂分为 2 个区。长臂，可见明显的 2 条深带，次缢痕一般不着色。此臂分为 3 个区。

10 号染色体：着丝粒着色浓。短臂，近侧段和近中段各有 1 条深带。此臂只有 1 个区。长臂，可见明显的 3 条深带，远侧段的 2 条深带稍靠近，这是与 8 号染色体相鉴别的一个主要特征。此臂分为 2 个区。

11 号染色体：短臂，近中段可见 1 条深带。此臂只有 1 个区。长臂，近侧有 1 条深带，紧贴着丝粒；远侧段可见 1 条明显的较宽的深带，这条深带与近侧的深带之间是 1 条宽阔的浅带，这是与 12 号染色体相鉴别的一个明显的特征。此臂分 2 个区。

12 号染色体：短臂，中段可见 1 条深带。此臂只有 1 个区。长臂，近侧有 1 条深带，紧贴着丝粒，中段有 1 条宽的深带，这条深带与近侧深带之间有 1 条明显的浅带，但与 11 号染色体比较，这条浅带较窄，这是鉴别 11 号与 12 号染色体的一个主要特征。此臂分为 2 个区。

X 染色体：其长度介于 7 号和 8 号染色体之间，主要特点是长臂和短臂中段各有 1 条深带，有"一担挑"之名。短臂，中段有一明显的深带，宛如竹节状。此臂分为 2 个区。长臂，看见 3～4 条深带，近中部 1 条最明显。此臂分为 2 个区。

D 组：13～15 号染色体，具有近端着丝粒和随体。

13 号染色体：着丝粒区深染。长臂，可见 4 条深带，第 1 和第 4 深带较窄，染色较淡；第 2 和第 3 深带较宽，染色较浓。此臂分为 3 个区。

14 号染色体：着丝粒区深染。长臂，近侧和远侧各有 1 条较明显的深带。此臂分为 3 个区。

15 号染色体：着丝粒区深染。长臂，中段有一条明显深带，染色较浓。此臂分为 2 个区。

E 组：16～18 号染色体。

16 号染色体：短臂，中段有 1 条深带。此臂只有 1 个区。长臂，近侧段和远侧段各有 1 条深带。此臂分 2 个区。

17 号染色体：短臂，有 1 条深带，紧贴着丝粒。此臂只有 1 个区。长臂，远侧段看见 1

条深带，这条深带与着丝粒之间为一明显而宽的浅带。此臂分为 2 个区。

18 号染色体：短臂，一般为浅带。此臂只有 1 个区。长臂，近侧和远侧各有 1 条明显的深带，两深带之间的浅带为 2 区 1 带。此臂分为 2 个区。

F 组：19～20 号染色体。

19 号染色体：着丝粒及其周围为深带，其余为浅带。短臂和长臂均只有 1 个区。

20 号染色体：着丝粒区浓染。短臂，有一条明显的深带。此臂只有 1 个区。长臂，中段和远侧段看见 1～2 条染色较淡的深带，有时全为浅带。此臂只有 1 个区。此染色体有"头重脚轻"之名。

G 组：21～22 号染色体和 Y 染色体，21、22 号有随体。

21 号染色体：着丝粒区着色淡。其长度比 22 号短，其长臂上有明显而宽的深带。此臂分 2 个区。

22 号染色体：着丝粒区染色浓。其长度比 21 号长，在长臂上可见 2 条深带，近侧的 1 条着色浓，而且紧贴着丝粒；近中段的 1 条着色淡，在有的标本上不显现。此臂只有 1 个区。

Y 染色体：长度变化大，有时整个长臂被染成深带，在处理好的标本上可见 2 条深带。此臂只有 1 个区。

【实验用品】

1. 实验材料

未经染色的人外周血淋巴细胞染色体标本。

2. 实验器具

倒置显微镜，移液枪、枪头和枪头盒，试管，恒温箱，水浴箱，染色架，标签纸，记号笔，大培养皿，擦镜纸，冰箱。

3. 实验试剂

胰蛋白酶，NaCl，pH6.8 磷酸缓冲液，Giemsa 染液，EDTA 溶液。

【实验步骤】

1. 将常规制备的未染色人染色体玻片标本，70℃处理 2h，然后转入 37℃培养箱中备用，一般在第 3～10 天进行显带。

2. 将配好的胰蛋白酶工作液放入 37℃水浴箱中预热。

3. 将玻片标本浸入 37℃预热的 0.25％胰蛋白酶中，不断摆动使胰蛋白酶的作用均匀，处理 20s～2min（精确的时间需预实验摸索）。

4. 取出玻片，0.85％ NaCl 中漂洗两次，晾干。

5. Giemsa 染液中染色 10min 左右。自来水冲洗，晾干。

6. 镜检显带效果。在低倍镜下选择分散良好的长度适中的分裂相，转换油镜观察，若染色体未出现带纹，则为显带不足；若染色体边缘发毛为显带过头，此时应根据具体情况增减胰蛋白酶处理时间重新处理一张标本。

【注意事项】

1. 选取未经染色的人外周血淋巴细胞染色体标本时，染色体长度适宜，一般稍长一些能显出更多的条带，这与加入的秋水仙素的浓度和作用时间有关，要控制得当；染色体均匀无重叠，这与低渗有关，低渗不足染色体易发生重叠，过度则易流失；染色体无严重单体分叉。

2. 为提高显带效果，标本应先放置一段时间，称"老化"处理，以 3～10d 为宜；显带染色前将标本加温预处理利于显带，预处理后的标本可不必再老化。

3. 精确控制胰蛋白酶酶解时间，时间过短分离情况不好，聚成一团，不能看出明显的分带；时间过长染色单体分离较分散，染色单体形态较细长，可能是因为酶解过度导致染色体形态被破坏，不能观察到明显的分带情况。

【作业及思考题】

1. 总结人类染色体制备过程中的关键步骤及注意事项。
2. 制作人的 G 显带正常核型配对分析图。

第二部分
细胞生命活动

　　细胞是生物体结构、功能和生命活动的基本单位。细胞既有它自己的生命，又对生物体的整体生命起作用。细胞的生命活动包括细胞的增殖（细胞分裂）、生长、分化、衰老、死亡、运动、新陈代谢、物质交换、信号转导等过程。

　　细胞增殖是生物体的重要生命特征，所有细胞均以分裂的方式进行增殖。单细胞生物，以细胞分裂的方式产生新的个体；多细胞生物，以细胞分裂的方式产生新的细胞，用来补充体内衰老或死亡的细胞。多细胞生物可以由一个受精卵，经过细胞的分裂和分化，最终发育成一个新的多细胞个体。通过有丝分裂，可以将复制的遗传物质平均地分配到两个子细胞中去。可见，细胞增殖是生物体生长、发育、繁殖和遗传的基础。真核细胞的分裂有三种方式：有丝分裂，无丝分裂，减数分裂。其中有丝分裂是人、动物、植物、真菌等一切真核生物中的一种最为普遍的分裂方式，是真核细胞增殖的主要方式。减数分裂是生殖细胞形成时的一种特殊的有丝分裂。

　　所有的生活细胞都有细胞膜。细胞膜是由磷脂双分子层和镶嵌蛋白构成的、包裹在细胞原生质体外的一层选择透性薄膜。细胞膜在细胞的生命活动中具有重要的生理功能。第一，它是防止物质自由进出细胞的屏障，维持了细胞内环境的相对稳定，使各种生化反应能够有序运行。第二，细胞膜通过选择性渗透来调节和控制细胞内外的物质交换。小分子物质跨膜运输包括简单扩散、被动运输和主动运输。第三，细胞膜还能以"胞吞"和"胞吐"的方式，帮助细胞从外界摄取某些营养物质、细胞碎片甚至入侵的病原体，或者将细胞内的一些物质分泌到细胞外。最后，细胞膜也能接收外界信号的刺激使细胞做出反应，从而调节细胞的生命活动。

实验 17

植物细胞有丝分裂的观察

【实验目的】

1. 学习有丝分裂标本临时玻片的制作方法。
2. 熟悉有丝分裂过程中染色体形态、分布特征的变化。

【实验原理】

有丝分裂（mitosis）是真核生物细胞分裂的基本形式，也称间接分裂或核分裂。在这种分裂过程中出现由许多纺锤丝构成的纺锤体，染色质集缩成棒状的染色体。1882年，W. Fleming 最先将此种分裂方式命名为有丝分裂。通过有丝分裂，作为遗传物质的脱氧核糖核酸（DNA）得以准确地在细胞世代间相传。通过有丝分裂和细胞分化才能实现组织发生和个体发育。有丝分裂是生物体细胞增殖的主要方式。它是一个连续过程，为研究方便起见，人们依据不同时期细胞核及其内部染色体的变化特征，划分为前期（prophase）、中期（metaphase）、后期（anaphase）、末期（telophase）。在细胞两次分裂之间还有一个间期（interphase）。有丝分裂过程见图 2-1。

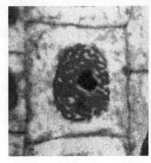

| 前期 | 中期 | 后期 | 末期 |

图 2-1　植物细胞有丝分裂

1. 间期

为两次分裂之间的时期，这个时期的主要特征是细胞质均匀一致，细胞核在染料的作用下核质呈均匀致密状态，有明显的核仁，染色体细长呈丝状散布于核内，一般制片在低倍镜下不可见，良好制片在高倍油镜下可以观察到一些染色较深的细小颗粒，一般认为是染色线上染色质螺旋卷曲而成的染色粒。核与质之间有核膜分开。但核膜和核质在普通生物显微镜下不能明显区分。

2. 前期

这个时期又可分为三个时期：

（1）早前期：染色质开始螺旋卷曲形成非常细的丝状，分布于核内，核仁清楚。

（2）中前期：染色体继续收缩，由于染色体周围基质不断增加，染色加深加粗，染色体呈连续的线状。此时染色体仍扭曲很长，并互相缠绕，故整个核内的染色体犹似一团搅乱的粗麻线，这时尚有核膜和核仁，但在普通生物显微镜下核膜一般不易见到，核仁隐约可见。

（3）晚前期：染色体进一步螺旋变粗变短，呈明显的双股性，即两条染色单体由一个着丝粒相连，可见端点，染色体渐趋中央赤道面处集结，但彼此仍然缠绕，核膜、核仁逐渐消失。

3. 中期

染色体的着丝粒均处于赤道面上，染色体的两臂向两侧自由伸展，纺锤丝与着丝粒相连形成纺锤体，着丝粒未分裂，纺锤丝在一般制片中看不到，良好的制片根据细胞质着色微粒的排列可隐约见到曳引丝状分布。着丝粒位置非常清楚，其形状是一条双股性连续的染色体突然在某个地方出现不着色的透明点，好像整个染色体分成两段。中期极面观染色体排列图像形似车轮辐条状，故此期通过特殊制片方法可观察染色体的个体性。

4. 后期

染色体的着丝粒分裂，两个染色单体互相排斥分开，并由纺锤丝的曳引逐渐移向两极。

5. 末期

以分开的两组染色体到达细胞的两极为末期的开始，然后染色体重新聚集起来平行排列，进行一系列与前期逆向的变化，染色体解螺旋化，染色体基质和鞘套（膜）消失；核仁、核膜再现，形成两个新的子核。细胞质随着核的形成不均等分裂最终形成两个新的细胞。

植物根尖有丝分裂旺盛，操作和鉴定方便，故一般采用根尖作为实验材料。用促进细胞分裂的试剂（如 8-羟基喹啉、对二氯苯、α-溴萘等）对根尖预处理，可以增加分生组织中处于有丝分裂期的细胞的比例。细胞核内的染色体易被碱性染料（如苯酚品红、龙胆紫等）染色，利于观察。

【实验用品】

1. 实验材料

洋葱（*Allium cepa*，$2n=16$）根尖。

2. 实验器具

冰箱，显微镜，水浴锅，剪刀，镊子，解剖针，载玻片，盖玻片，吸水纸，烧杯，试剂瓶，培养皿，滴管，标签等。

3. 实验试剂

无水乙醇，冰醋酸，卡诺氏固定液（无水乙醇∶冰醋酸＝3∶1，体积比），2mmol/L 8-羟基喹啉，75mmol/L KCl 溶液，0.1mol/L 醋酸钠，1mol/L 盐酸，2.5%纤维素酶和2.0%果胶酶水溶液，改良苯酚品红（参见附录）。

【实验步骤】

1. 根尖培养

先剪去洋葱的老根，然后将其鳞茎置于盛有水的烧杯上培养，当不定根长出 1.5～3.0cm 时，剪下根尖 2～3mm 备用。

2. 预处理

用 2mmol/L 8-羟基喹啉 18℃处理 1～1.5h。

3. 前低渗

吸去预处理液，加入 75mmol/L KCl 溶液或水，低渗处理 10～30min。

4. 固定

将预处理后的根尖放入卡诺氏固定液，固定 2～24h 后，转入 70％乙醇溶液中，于冰箱中冷藏，但保存时间最好不超过 2 个月。

5. 解离

使组织中的细胞互相分离开，主要有酸解和酶解两种方法。

（1）酸解：将根尖从固定液中取出，用蒸馏水漂洗，然后放入已经在 60℃水浴中预热的 1mol/L 盐酸中，在 60℃恒温下解离 10～15min，当根尖透明呈米黄色时取出，用蒸馏水冲洗 2～3 次。

（2）酶解：从固定液中取出根尖，放在 0.1mol/L 的醋酸钠中漂洗，用刀片切除根冠及延长区，把根尖分生组织放到 2.5％纤维素酶和 2.0％果胶酶水溶液中，在 37℃下酶解处理 70～120min，此时组织已被酶液浸透而呈淡褐色，质地柔软但仍可用镊子夹起，用滴管将酶液吸掉，再滴上 0.1mol/L 的醋酸钠，使组织中的酶液渐渐渗出，再放入 45％乙酸中。

6. 后低渗

将解离后的根尖用蒸馏水冲洗 2～3 次，在水中停留 30min 以上，即可直接用于制片。低渗后的根尖也可放入卡诺氏固定液中保存。

7. 染色与压片

取处理好的根尖 2～3 个置于载玻片中央，用吸水纸吸去多余的保存液，用镊子将根尖敲碎至浆状，加一小滴改良苯酚品红染液，约 2～5min 后加盖玻片。将吸水纸放在盖玻片上，用拇指轻轻在吸水纸上对根尖部位用力，使材料分散均匀。

8. 镜检

低倍镜下观察，选择细胞分散、分裂相较多以及染色体形态舒展的制片进行观察，选出典型细胞，再于高倍镜下观察。仔细观察细胞有丝分裂各时期染色体的形态并描绘下来。

【注意事项】

1. 压片时力度要适中，太大容易损坏玻片，太小则根尖材料分散不好。

2. 用 8-羟基喹啉处理根尖的时间过长或过短都会损害处理效果，降低有丝分裂指数。有丝分裂指数是指在某一细胞群中，处于有丝分裂 M 期的细胞数占其总细胞数的百分数。

【作业及思考题】

1. 绘洋葱根尖细胞有丝分裂各个时期的典型图像，并简要说明各时期染色体的行为和变化。

2. 观察统计不同分裂相细胞数量及相对比例（5个视野），分析可能的原因（表2-1）。

表2-1 不同分裂相细胞的相对数量

视野	间期	前期	中期	后期	末期	合计
1						
2						
3						
4						
5						
合计						
占观察总数的比例/%						

3. 为利于观察，常采用哪些方法使根尖分生区细胞分散开？

实验 18

细胞吞噬作用的观察

【实验目的】

1. 了解小鼠腹腔巨噬细胞吞噬现象的原理。
2. 熟悉细胞吞噬作用的基本过程。
3. 掌握小鼠腹腔注射给药和颈椎脱位处死法。

【实验原理】

吞噬作用只限于几种特殊的细胞类型，如变形虫和一些单细胞的真核生物通过吞噬作用从周围环境中摄取营养；在大多数高等动物细胞中，吞噬作用是一种保护措施而非摄食的手段。高等动物具有一些特化的吞噬细胞，包括巨噬细胞（macrophages）、单核细胞（monocytes）和中性粒细胞（neutrophils）等。它们通过吞噬作用消灭感染的细菌等病原体，是机体非特异性免疫功能的重要组成部分；另外，吞噬作用还能帮助多细胞动物消除体内衰老、损伤以及发育过程中的凋亡细胞，清除变性的细胞间质，杀伤肿瘤等。

骨髓造血干细胞首先分化形成血液中的单核细胞和中性粒细胞，它们通过血液到达各种组织，然后通过毛细血管的内皮间隙，从血管内渗出，在组织间隙中游走，其中的单核细胞进一步分化为各种巨噬细胞。中性粒细胞和巨噬细胞会因化学趋向性而被化学物质的刺激吸引至受损处，这些刺激包括受伤细胞、病原体、由肥大细胞和嗜碱性细胞所释放的组胺，以及由已处于该处的巨噬细胞释出的细胞因子。

中性粒细胞具有活跃的变形运动和吞噬功能，起重要的防御作用，其吞噬对象以细菌为主，也吞噬异物。中性粒细胞在吞噬、处理了大量细菌后，自身也死亡，成为脓细胞。中性粒细胞从骨髓进入血液，约停留 6~8h，然后离开，在结缔组织中存活 2~3d。巨噬细胞的寿命因所在组织器官而异，一般可存活数月或更长的时间。

巨噬细胞分布广泛，在疏松结缔组织内数量较多。巨噬细胞形态多样，因其功能状态不同而变化，一般为圆形或椭圆形，并有短小突起，功能活跃者常伸出较长伪足而呈不规则形。细胞核较小，呈圆形或椭圆形；细胞质中含有大量初级溶酶体、次级溶酶体、吞噬小泡和吞噬小体，此外还有较发达的高尔基复合体、少量线粒体和粗面内质网等。

由于在不同的器官、组织中，巨噬细胞的形态和功能有所不同，所以具有不同的名称，如存在于胸、腹腔的游离巨噬细胞，脾与淋巴结中的游走和固定的巨噬细胞，结缔组织中的组织细胞，肺泡中的尘细胞，肝组织中的枯氏细胞，神经组织中的神经胶质细胞等，这些细胞都具有吞噬功能。

中性粒细胞和巨噬细胞的吞噬作用很强；嗜酸性粒细胞虽然游走性很强，但吞噬能力较弱。当病原微生物或其他异物侵入机体时，能招引巨噬细胞，而巨噬细胞又有趋化性，能响应招引因子的招引，产生活跃的变形运动，主动向病原体和异物移行，在接触到病原体或异物时，即伸出伪足，将之包围并内吞入胞质，形成吞噬体，继而细胞质中的初级溶酶体与吞噬泡发生融合，形成吞噬性溶酶体，通过其中水解酶等作用，将病原体杀死，消化分解，最后将不能消化的残渣排出细胞外。

吞噬泡的形成需要微丝及其结合蛋白的帮助，如果用降解微丝的药物如细胞松弛素 B 处理细胞，则可阻断细胞的吞噬作用；免疫抑制剂环磷酰胺（CYP）对巨噬细胞的吞噬作用也有影响。

巨噬细胞是机体免疫应答的主要细胞之一，对巨噬细胞吞噬能力的测定，是对其非特异免疫能力检测的一项重要指标，目前在病理、免疫、肿瘤学研究领域仍然广泛使用。由于巨噬细胞含有大量的溶酶体、吞噬体和残余体，因此以台盼蓝、卡红染料注射到实验动物体内，可以见到巨噬细胞胞质内聚集很多蓝色、红色颗粒，而其他细胞则不摄取或仅少量摄取染料颗粒，因此常用该方法鉴别巨噬细胞和其他细胞。

【实验用品】

1. 实验材料

（1）小鼠。

（2）1％鸡红细胞悬液：鸡翅下静脉取血后，取无污染的鸡血 1ml，加入 4ml Alsever 液，混匀后置 4℃冰箱保存备用，一周内使用。使用时，取此储存鸡血 1ml 加入 4ml 生理盐水（0.75％），充分混匀，1500r/min 离心 5min，弃上清液；再加入 1ml 生理盐水，重复上述条件离心 2 次，弃上清液；最后用 0.75％生理盐水配成 1％（体积分数）红细胞悬液。

2. 实验器具

显微镜，解剖盘，剪刀，镊子，离心机，注射器，吸管，载玻片，盖玻片，吸管，吸水纸。

3. 实验试剂

（1）小鼠生理盐水（约 0.9％）：称取氯化钠 0.9g，溶于 100ml 双蒸水。

（2）鸡生理盐水（约 0.75％）：称取氯化钠 0.75g，溶于 100ml 双蒸水。

（3）Alsever 溶液（参见附录）。

（4）台盼蓝（trypanblue）染液：称取台盼蓝粉末 0.4g，溶于 100ml 生理盐水（0.9％）中。

（5）6％淀粉肉汤（含台盼蓝染液）

牛肉膏	0.3g
蛋白胨	1.0g
氯化钠	0.5g
双蒸水	100ml

加热后加入可溶性淀粉 6.0g，促使溶解，再煮沸灭菌，置 4℃冰箱保存。用时水浴熔化，加入适量台盼蓝染液混匀，使呈蓝色。

【实验步骤】

1. 免疫小鼠：实验前 3d，取 4℃保存的 6%淀粉肉汤，35℃水浴熔解，用注射器吸取 1ml，注入小鼠腹腔。此步骤可以诱导腹腔产生更多活化的巨噬细胞。

2. 取 1ml 1%的鸡红细胞悬液，用注射器注入预先免疫过的小鼠腹腔，并轻揉小鼠腹部，使鸡红细胞悬液在小鼠腹腔分散开。

3. 30min 后，用颈椎脱位法处死小鼠：左手拇指与食指按住鼠头，也可用剪刀或镊子按住头部后侧，右手抓住鼠尾，用力向后猛拉，使脊髓与脑断开并致死（图 2-2）。

4. 将小鼠置于解剖盘中，把腹部剪开一小口子，把内脏推向一侧，用吸管或不装针头的注射器吸取适量的生理盐水（0.9%）冲洗腹腔，并吸取腹腔冲洗液。

5. 取一滴腹腔冲洗液，滴在干净的载玻片上，盖上盖玻片，显微镜下观察。

在高倍镜下，先分辨清楚鸡红细胞和巨噬细胞。鸡红细胞为淡红色、椭圆形，细胞核也为椭圆形。巨噬细胞体积较大，圆形或不规则，其表面有许多似毛刺状的小突起（伪足），细胞质中有数量不等的蓝色颗粒（为吞入的含台盼蓝淀粉形成的吞噬泡）。

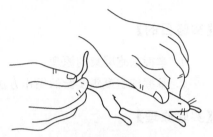

图 2-2　颈椎脱位法处死小鼠
（引自《细胞生物学实验技术》，
章静波等，2011）

显微镜下可以看到巨噬细胞吞噬鸡红细胞的全过程。有的红细胞位于巨噬细胞的表面，有的被部分吞入，有的被完全吞入，形成吞噬泡。有的巨噬细胞内的吞噬泡体积缩小，并呈现圆形，表明吞噬泡已与初级溶酶体发生融合，吞噬泡内容物正在被消化分解。

【注意事项】

1. 静息状态的巨噬细胞吞噬能力较弱，即使受到病原微生物或炎症因子的刺激，可以激发巨噬细胞的分泌功能，但其吞噬作用的活性依然较低；只有活化的巨噬细胞才具有较强的吞噬能力。大多数巨噬细胞的活化依赖于 T 细胞活化、致敏。所以本实验前应先通过注射淀粉肉汤来免疫动物，活化巨噬细胞，几天后再观察巨噬细胞的吞噬作用。

2. 注入小鼠腹腔的鸡红细胞，时间过长可能会被消化，时间过短则尚未被吞噬，因此需掌握好时间，在 30min 左右时效果较好。

3. 腹腔注射淀粉肉汤及鸡红细胞悬液时，要从小鼠下腹部外侧进针，呈 45°角刺入腹腔，不要刺得太深，避免刺伤内脏。

4. 由于细胞未经染色，因此观察时视野亮度需要适当调低。

【作业及思考题】

1. 绘出显微镜下巨噬细胞吞噬鸡红细胞的过程。

2. 给小鼠腹腔注射含台盼蓝的淀粉肉汤的目的是什么？

3. 巨噬细胞内有哪些结构对执行吞噬功能最重要？

4. 哪些细胞具有吞噬功能？

实验 19

细胞凝集

【实验目的】

1. 掌握细胞凝集的原理。
2. 掌握细胞凝集实验的操作方法。

【实验原理】

1. 凝集素

凝集素（lectin）是一类含糖的（少数例外）并能与糖专一结合的蛋白质，它具有凝集细胞和刺激细胞分裂的作用。目前已发现近千种植物中含有凝集素，在各种真菌、无脊椎动物、脊椎动物、人体的各种组织和器官中及某些病毒体内也含有凝集素。常用的为植物凝集素（phytoagglutin，PNA），通常以其被提取的植物命名，如刀豆素 A（conconvalina，ConA）、麦胚素（wheat germ agglutinin，WGA）、花生凝集素（peanut agglutinin，PNA）和大豆凝集素（soybean agglutinin，SBA）等，凝集素是它们的总称。

2. 细胞凝集

细胞外被是细胞质膜外表面的一层黏性多糖物质，又称为糖萼，它在细胞间的联系和识别、细胞的生长分化、免疫反应及肿瘤发生等过程中发挥着重要作用。细胞凝集是指细胞彼此聚集在一起，成为一簇不规则的细胞团。凝集素使细胞凝集是由于它与细胞表面的糖分子连接，在细胞间形成"桥"的结果，加入与凝集素互补的糖可以抑制细胞凝集。目前认为，细胞间的识别、细胞免疫及细胞接触抑制等都与细胞表面的分支状糖分子有关。

3. 凝集素的应用

凝集素在实验室中经常被用来分离、纯化蛋白质；凝集素可介导细胞与细胞、细胞与基质的黏附；凝集素检测肿瘤细胞的细胞膜上的糖基化改变；外源凝集素具有促有丝分裂原作用；纯化的凝集素能够用来鉴定血型。

【实验用品】

1. 实验材料

土豆，2％鸡红细胞悬液。

2. 实验器具

普通离心机，离心管，注射器，试管，移液枪、枪头，载玻片，显微镜。

3. 实验试剂

（1）磷酸盐缓冲液（PBS），pH7.2（参见附录）。

（2）生理盐水（0.9％氯化钠溶液）

【实验步骤】

1. 植物凝集素的提取：称取去皮土豆块茎 20g，加入 PBS 100ml，浸泡 2h 后，将浸出的粗提液过滤，即为土豆凝集素悬浮液。

2. 制备 2％鸡红细胞悬液：以无菌方法抽取鸡静脉血液（加抗凝剂）2ml，加 8ml 生理盐水，2000r/min 离心 5min，弃上清液，再加生理盐水 10ml，反复洗涤 5 次后，最后按压积红细胞体积用生理盐水配成 2％鸡红细胞悬液（若暂时不用，应保存红细胞沉淀于冰箱冷藏室中，用前洗涤后配成 2％鸡红细胞悬液）。

3. 梯度稀释制备不同浓度的土豆凝集素悬浮液：取 1ml 土豆凝集素悬浮液原液于一支试管中，并编号 1×；另取 0.5ml 土豆凝集素悬浮液原液于另一支试管中，加入 0.5ml 的 PBS 缓冲液，并编号 0.5×；再取一支试管，加入 1ml 的 PBS 缓冲液，并编号 0×。

4. 取 1ml 已制备好的 2％鸡红细胞悬液，并梯度稀释为 1％、0.5％。

5. 凝集反应：按表 2-2 中顺序，用移液管取一滴凝集素或 PBS 液于载玻片凹坑内，再加一滴红细胞悬液，旋转混合摇匀。在加入红细胞悬液后即开始计时，观察细胞凝集需要多长时间，并平行三次，记录所需时间。实验时在载玻片的另一个凹坑内进行阴性对照。10min 后显微镜观察细胞凝集现象，记录凝集时间并分析。

表 2-2　各组中凝集素和血细胞的浓度

红细胞/ml	凝集素		
	1×	0.5×	0×
2％	A-1	A-2	A-3
1％	B-1	B-2	B-3
0.5％	C-1	C-2	C-3

【注意事项】

1. 实验前确定好双凹片的反正面，做好适当标记。

2. 注意控制加入双凹片孔中的液体的量，以免双凹片的 2 个孔中的液体混合。

3. 摇晃双凹片时要注意摇动的技巧，使凹槽内的液体转动起来。

4. 显微镜下观察时，注意淀粉球和细胞的区分，淀粉球呈白色球状，略大于细胞。

5. 实验过程中若凹槽内的水分蒸发过多，应及时补充 PBS 缓冲液，以免观察不到实验现象。

6. 换用高倍镜下观察时，注意避免污染镜头，若液体过多，应用吸水纸吸取部分液体再进行高倍镜下的观察。

【作业及思考题】

1. 记录红细胞凝集情况。

2. 查阅资料，简述植物凝集素在植物抗虫中的作用，并列举植物凝集素的种类（至少列举五种）。

实验20

细胞融合

【实验目的】

1. 了解诱导动物细胞融合的常用方法。
2. 掌握 PEG 诱导动物体细胞融合的基本操作过程。
3. 了解动物细胞融合过程中细胞的形态变化。

【实验原理】

1. 细胞融合的概念

细胞融合是指两个或两个以上的细胞合并成一个双核或多核细胞的现象，也称为细胞杂交。细胞融合时会发生一系列的变化，首先是临近的细胞之间因凝集作用而紧密接触，接触部位质膜的糖萼移位或消失；接着质膜磷脂双分子层重排，胞质合并，质膜融合，最后形成一个双核或多核的融合细胞。

细胞融合可以在基因型相同或不同的两个有核细胞间进行，形成杂种细胞；也可在一个有核细胞与一个无核细胞或无核的细胞片段之间进行，形成胞质杂种细胞。两个基因型相同的细胞形成的融合细胞称为同核体（homokaryon）；基因型不同的细胞形成的融合细胞称为异核体（heterokaryon）。含有两个核的同核体可通过同步有丝分裂或核的直接融合形成单核的杂种细胞（hybrid cell），称为合核体（synkaryon），其染色体数为正常数目的两倍，这些染色体来自原来的两个细胞核。融合细胞在培养过程中会发生染色体丢失现象，相互融合的亲本细胞亲缘关系越近，则所得的杂种细胞的核型越稳定，在连续培养中染色体丢失的速度就越慢。而对于种间杂交产生的杂种细胞，在继续培养时，染色体丢失的速度很快。如人、鼠杂交细胞培养时，人的染色体丢失速度很快。

2. 细胞融合的诱导

细胞融合有时可以自发进行，如在有性生殖过程中，雌雄配子结合形成合子就属于自发细胞融合。但细胞间自发融合的可能性很小，因为每个细胞都有各自相对稳定的细胞膜，所以通常情况下细胞间的接触并不导致细胞融合。植物细胞融合时，要先用纤维素酶去掉细胞壁，然后才便于原生质体融合。目前，人们已经发现，通过采用特定的诱导物或诱导条件，可以人工诱导细胞融合的发生。诱导细胞融合的方法主要有生物法、化学法和物理法。

（1）生物法　1958 年，日本科学家冈田（Okada）发现仙台病毒（HVJ）具有触发动物细胞融合的效应。后来，人们又发现许多其他种类的病毒，如牛痘病毒、新城鸡瘟病毒和疱疹病毒等，也可以诱导动物细胞之间发生融合。病毒诱导细胞融合的过程是：首先是细胞表面吸附许多病毒粒子，接着细胞发生凝集，几分钟至几十分钟后，病毒粒子从细胞表面消失，相互接触的细胞，就在这个部位出现细胞膜的融合，细胞质相互交流，最后形成融合细胞。

病毒用紫外线灭活后，丧失了感染性，但仍具有诱导动物细胞融合的能力。因此，灭活的病毒成为诱导动物细胞融合的一种重要手段，其中最常用的是灭活的 HVJ。HVJ 是一种 RNA 病毒，其诱导细胞融合的基本原理在于 HVJ 含有细胞表面受体的结合位点，可以促使不同细胞凝聚，最终使细胞膜相互融合；直接产生这种作用的部位是 HVJ 病毒的外壳，而不是内部的 RNA。HVJ 外壳上的 HANA 蛋白、F 蛋白和 ATP 酶与细胞融合密切相关。

HANA 蛋白上的多价凝集素与细胞表面的糖蛋白具有较高的亲和力，可使多个细胞同时发生凝集，相邻的细胞膜相互靠近。由于细胞膜上与 HVJ 结合部位的蛋白质呈帽状聚集，因而该部位的细胞膜区域不含有抑制细胞膜融合的其他蛋白质分子，有利于细胞膜脂质分子的相互作用和重新排列。另外，HANA 蛋白还具有神经氨酸苷酶活性，可水解细胞膜表面糖蛋白，有利于两细胞膜脂质分子的相互作用。

HVJ 表面的 F 蛋白具有促进质膜融合的能力。F 蛋白的前体蛋白 F_0 在蛋白酶的作用下，断裂为 F1 和 F2 两个亚单位，这种构型变化使其疏水性氨基酸部分暴露在分子表面，而这种暴露出来的疏水结构与细胞膜的疏水性部分相互作用，诱发膜的融合。

HVJ 外壳上的 ATP 酶可以为病毒吸附、质膜融合提供能量。当病毒颗粒吸附在质膜时需要 ATP；在细胞膜融合、细胞间贯通、连接部位周边膜修复以及细胞质膜构型变化过程中也需要 ATP。

但是目前，灭活 HVJ 诱导动物细胞融合的技术仍有很多缺陷，如细胞感染率较低，融合速度慢，反应条件高，融合细胞的去病毒困难等，所以介导细胞融合更多采用的是化学法或物理法。

(2) 化学法　很多化学试剂能够诱导细胞融合，如聚乙二醇（polyethylene glycol，PEG）、二甲基亚砜（dimethyl sulfoxide，DMSO）、溶血卵磷脂、高钙溶液等。这些物质能够改变细胞膜脂质分子的排列，在去除这些物质之后，细胞膜趋向于恢复原有的有序结构。在恢复过程中相互接触的细胞由于接口处脂质双分子层的相互亲和与表面张力，就有可能发生不同细胞膜间的融合，导致胞质之间流通，产生细胞融合现象。

1974 年，华裔加拿大科学家高国楠创立了聚乙二醇（PEG）化学融合法。PEG 是乙二醇的聚合物，分子量大于 200 小于 6000 者均可用作细胞融合剂。因为 PEG 容易获得，介导细胞融合操作简便，且融合效果稳定，所以 PEG 是目前使用最为广泛的一种化学融合剂。PEG 促进细胞融合的机制尚不完全清楚，但至少有如下两方面的作用。

1) PEG 与细胞膜蛋白质、脂质的直接相互作用　PEG 可与细胞膜上糖蛋白羟基之间形成氢键或产生疏水作用力，引起膜蛋白凝集和膜脂流动性变化，导致不同细胞的质膜接触区成为几乎没有内膜颗粒的平滑的脂质区。PEG 还能在空气-水界面上使磷脂酰胆碱和磷脂酰乙醇胺脂单层表面电位显著下降。

2) 水相 PEG 对细胞膜结构的间接作用　PEG 具有高度亲水性，当 PEG 与水之间形成氢键时，溶液中自由水减少，结合在细胞膜磷脂上的水分子也会减少，膜结构因脱水而发生变化，促进膜的融合。亲水性介质周围分子极性的变化也影响细胞膜蛋白结构，有利于不同细胞间细胞膜脂质的相互作用以及膜的融合。

PEG 诱导细胞融合的优点是操作方便，条件容易控制，诱导细胞融合的效果稳定，且对动、植物细胞都适用；缺点是 PEG 对细胞具有一定的毒性，融合率较低，不宜直接观察细胞融合过程等。

（3）物理法　通过特定的物理刺激，改变细胞膜的稳定性，也可以促进细胞融合，如电脉冲、激光、振动、离心等方法。20 世纪 80 年代出现的电融合技术应用最为广泛。

电融合是指利用高压电脉冲处理相互紧密接触的细胞，可逆性破坏细胞膜稳定性，促进细胞融合。电击诱导细胞融合包括两个主要阶段。第一阶段，利用低压非均匀交流电场将悬浮细胞极化成为偶极子，沿电力线排列成串珠状细胞群，细胞间密切接触，形成稳定的膜连接。非均匀交流电场可使两个细胞发生点连接，膜上产生颗粒聚集，形成平滑的膜脂区域。第二阶段，施加高压电脉冲，细胞膜表面的氧化还原电位发生改变，使细胞间相互接触区域的质膜结构被瞬时破坏，细胞间形成成对的穿孔（可逆性击穿），或在相邻的两脂质层间形成亲水性桥，使相邻细胞的胞质连通；随后质膜开始连接，膜脂分子发生重排，由于表面张力的作用，两细胞发生融合，形成融合细胞。

电融合法具有融合过程易控制、融合率高、无细胞毒性、可在显微镜下直接观察细胞融合过程等优点；但融合细胞的存活率偏低是此法尚待解决的一个主要问题。

3. 细胞融合技术的应用

理论上说任何细胞，都有可能通过细胞融合而成为新的生物资源，这对于种质资源的开发和利用具有深远的意义。

动物细胞融合从细胞水平改变动物细胞的遗传性，可用于生产单克隆抗体、疫苗等特定的生物制品；在培育动物新品种时，可以缩短动物的育种周期。动物细胞融合技术对于研究细胞分化、基因定位、肿瘤发生机制等方面有重要意义，并在药物定向释放系统、细胞治疗以及抗肿瘤免疫等方面起到重要的作用。

植物细胞融合在植物育种、种质保存、无性系的快速繁殖和有用物质生产等领域具有重要的意义。通过诱导不同种间原生质体的融合，可能打破有性杂交不亲和性的界限，获得新型杂交植株。植物细胞融合可以将外源遗传物质引入原生质体，从而有可能引起细胞遗传性的改变，为某些珍稀动物的复壮等提供可行的方法。

对微生物而言，细胞融合主要用于改良微生物菌种特性，提高目的产物的产量，使菌种获得新的性状，合成新产物等。微生物细胞融合技术的一项突出应用是生物药品的生产，包括抗生素、生物活性物质、疫苗等。另一方面的突出应用就是为发酵工业提供优良菌种。

【实验用品】

1. 实验材料

鸡血红细胞。

2. 实验器具

离心机，光学显微镜，水浴锅，注射器，量筒，滴管，刻度离心管，载玻片，盖玻片，温度计。

3. 实验试剂

（1）Alsever 溶液（参见附录）。

（2）生理盐水（约 0.75％氯化钠溶液）。

（3）GKN 缓冲液（参见附录）。

（4）50％ PEG 液（现用现配）：取适量的 PEG（分子量 $M_r=4000$）放入烧杯中，沸水浴加热，使之熔化，待冷却至 50℃时，加入等体积预热至 50℃的 GKN 溶液，混匀，置40℃备用。

（5）0.75％ Ringer 溶液（参见附录）。

（6）詹纳斯绿 B 染液（0.02％）（参见附录）。

【实验步骤】

1. 用经 Alsever 液湿润的注射器，从公鸡心脏或翼下静脉抽血，加入定量的 Alsever 液中，血液与 Alsever 液的体积比为 1：4，混匀后可在 4℃冰箱中存放一周。

2. 取上述储存鸡血 0.2ml，加入 0.8ml 的生理盐水漂洗，充分混匀，1500r/min 离心5min，弃去上清液；加入 1ml 的生理盐水，重复上述条件离心两次，最后弃上清液。

3. 加 GKN 液 0.8ml，1500r/min 离心 5min，弃去上清液；加入 0.3ml 的 GKN 溶液，制成红细胞悬液（也可以用血细胞计数板计数，用 GKN 液将红细胞悬液浓度调整为约 10^7个/ml）。

4. 取以上红细胞悬液 0.2ml，放入 1ml 的 EP 管中，然后放入 40℃水浴中预热，同时将 50％PEG 液一并 40℃预热 20min。

5. 将 0.2ml 预热的 50％PEG 溶液逐滴沿离心管壁加入到 0.2ml 红细胞悬液中，边加边摇匀，然后放入 40℃水浴中保温 20min。

6. 20min 后，加入 GKN 溶液 1ml，静置于 40℃水浴中 20min 左右。

7. 1500r/min 离心 5min，弃去上清液；加 GKN 溶液 1ml，同样条件再离心 1 次。

8. 弃去上清液，加入 GKN 液 1ml，混匀，取一滴滴在载玻片上，加入詹纳斯绿 B 染液，用牙签混匀，静置 3min。

9. 盖上盖玻片，镜检，观察细胞融合情况，计算融合率。

【注意事项】

1. PEG 诱导细胞融合的效果与 PEG 的分子量、浓度、作用时间、pH 值以及温度有关。分子量小的 PEG，促融效果差；分子量过大，则黏性太大，不易操作。一般选用分子量为1000～4000 的 PEG，常用浓度为 50％，pH8.0～pH8.2（用 10％ $NaHCO_3$ 调整 pH）。

2. 红细胞每次离心前都要将样品小心混匀，否则有可能出现聚集成团的细胞。若镜检时出现聚集成团的细胞，也有可能是由于制备的红细胞悬液浓度过高。

3. 视野中经常会看到两个或多个细胞接触在一起，此时不一定就是融合的细胞，需要转动细准焦螺旋对接触部位进行仔细观察，看接触部位是否存在细胞膜，进而判断其为融合细胞还是重叠在一起的细胞。

4. 在计算细胞融合率时，要进行多个视野计数，然后再加以平均，以使计算更为准确。

【作业及思考题】

1. 计算细胞融合率：细胞融合率是指一定数量的细胞中发生融合的细胞所占的比例。

经 PEG 处理后，显微镜下可观察到未融合的单核细胞、融合后的双核细胞和融合后的多核细胞。细胞的融合率可用如下公式计算：

$$融合率 = \frac{视野内融合细胞中细胞核总数}{视野内所有细胞的细胞核总数} \times 100\%$$

2. 观察并描绘或拍摄融合细胞的形态特征。

实验 21

细胞膜的渗透性

【实验目的】

1. 了解细胞膜对物质通透性的一般规律。
2. 了解各种小分子物质跨膜进入红细胞的速度。

【实验原理】

1. 细胞膜

细胞膜是防止细胞外物质自由进入细胞的屏障，它保证了细胞内环境的相对稳定，使各种生化反应能够有序进行。但是细胞必须与周围环境发生信息、物质与能量的交换，才能完成特定的生理功能，因此细胞必须具备一套物质转运体系，用来获得所需物质和排出代谢废物。

2. 选择透过性

细胞膜具有对物质选择透过的生理功能。脂溶性越高通透性越大，水溶性越高通透性越小；非极性分子比极性分子容易透过，小分子比大分子容易透过。水分子可通过水孔蛋白（aquaporins）快速地进出细胞。非极性的小分子如 O_2、CO_2、N_2 可以很快透过脂双层；不带电荷的极性小分子如尿素、甘油等也可以透过人工脂双层，尽管速度较慢；分子量略大一点的葡萄糖、蔗糖则很难透过脂双层；而膜对带电荷的物质如 H^+、Na^+、K^+、Cl^-、HCO_3^- 是高度不通透的。

3. 渗透

渗透是水分子经半透膜扩散的现象。它由高水分子区域（即低浓度溶液）渗入低水分子区域（即高浓度溶液），直到细胞内外浓度平衡（等张）为止。水分子会经由扩散方式通过细胞膜，这样的现象，称为渗透。渗透作用是细胞膜的基本功能之一。

4. 溶血现象

将红细胞放入低渗盐溶液中，水分子会大量渗入细胞内，导致细胞涨破，血红蛋白释放到周围液体介质中，使介质由不透明的红细胞悬液变为红色透明的血红蛋白溶液，这种现象称为溶血。将红细胞放入数种等渗溶液中，细胞不会立即吸水涨破，但由于红细胞对各种溶质的透性不同，有的溶质可以渗入，有的溶质不能渗入，渗入的溶质可以提高红细胞内的渗透压，促进水分进入细胞，引起细胞涨破，发生溶血。由于溶质渗入的速度不同，因此溶血时间也并不相同。发生溶血现象所需的时间，可以作为测量某种物质进入红细胞速度的一种指标（溶血速度→穿膜速度）。

5. 物质跨膜运输

（1）被动运输：不需要载体蛋白参与的扩散称为简单扩散，顺浓度梯度，不需要载体，不消耗 ATP；协助扩散是指非脂溶性物质或亲水性物质，如氨基酸、糖和金属离子等借助细胞膜上的膜蛋白的帮助顺浓度梯度或顺电化学浓度梯度，不消耗 ATP 进入膜内的一种运输方式。

（2）主动运输：主动运输是指物质沿着逆化学浓度梯度差（即物质从低浓度区移向高浓度区）的运输方式，主动运输不但要借助于镶嵌在细胞膜上的特异性的传递蛋白分子作为载体，而且还必须消耗细胞代谢所产生的能量来完成。

物质跨膜扩散速率的大小除与膜两边分子浓度梯度大小有关外，还同物质的油水分配系数及分子大小有关。

【实验用品】

1. 实验材料

鸡红细胞。

2. 实验器具

普通显微镜，普通离心机，天平，试管，刻度离心管，试管架，移液枪、枪头，滴管，载玻片，擦镜纸，记号笔等。

3. 实验试剂

（1）Alsever 溶液（pH7.2～7.4）（参见附录）。

（2）蒸馏水。

（3）0.128mol/L 氯化钠。

（4）0.128mol/L 硝酸钠。

（5）0.128mol/L 草酸铵。

（6）0.128mol/L 氯化铵。

（7）0.128mol/L 醋酸铵。

（8）0.32mol/L 丙酮。

（9）0.32mol/L 葡萄糖。

（10）0.32mol/L 甘油。

（11）0.32mol/L 乙醇。

【实验步骤】

1. 从集市买一只活鸡现杀取血 5ml（防止污染），放入盛有 20ml Alsever 液瓶中，混匀后置 4℃冰箱保存备用（2 周内使用）。

2. 取用 Alsever 液保存的新鲜鸡血 5ml，加入 8ml 0.128mol/L NaCl 溶液，小心混匀，1000r/min 离心 5min，如此 3 次洗涤，最后配成 30％的鸡红细胞（CRBC）悬液。

3. 取 10 支试管，按表 2-3 中所示测试溶液，分别取样各 3ml，作出标记后，各管均加入鸡红细胞悬液 2 滴，混匀后静置于温室中，记录溶血时间并于显微镜下观察各种溶液中的细胞。

表 2-3　各种溶液溶血现象记录表

编号	测试溶液	是否溶血	时间	分析原因
1	蒸馏水			
2	0.128mol/L 氯化钠			
3	0.128mol/L 硝酸钠			
4	0.128mol/L 草酸铵			
5	0.128mol/L 氯化铵			
6	0.128mol/L 醋酸铵			
7	0.32mol/L 葡萄糖			
8	0.32mol/L 甘油			
9	0.32mol/L 乙醇			
10	0.32mol/L 丙酮			

试管内液体分两层：上层浅黄色透明，下层红色不透明为不溶血（－），镜检红细胞完好呈双凹盘状；如果试管内液体浑浊，上层带红色者，称不完全溶血（＋或＋＋），镜检有部分红细胞呈碎片；如果试管内液体变红而透明者，称完全溶血（＋＋＋），镜检发现细胞全部呈碎片。

【注意事项】

1. 试管中有红细胞和测试溶液时，不应强力摇晃，以免造成人为的红细胞破裂。

2. 对于溶血较快的试管，用显微镜观察时要注意滴加血液后立即镜检，否则将会因为细胞溶血太快而看不到细胞。

3. 在拍照记录不同试剂发生溶血现象后的细胞悬液澄清程度时，应当以白纸作为背景，以等渗的鸡红细胞悬液作为对照，使实验结果更加直观明了。

4. 在利用鸡红细胞悬液进行制片时，要注意好细胞的密集程度，如果细胞过密会导致拍摄效果差，这时应用该细胞悬液相对应的试剂进行稀释，以获得更好的显微摄影照片。

5. 即使细胞在等渗溶液中短时间内未发生溶血现象，但是细胞长时间处于等渗溶液中也会发生溶血现象。

【作业及思考题】

记录实验结果并分析原因。

第三部分
亚细胞组分的分离

1. 亚细胞结构及其分离概述

细胞是生命活动的基本单位，以细胞膜为边界与外界环境隔离（仍然存在物质、信息的交流），成为一个相对独立的生命活动的场所。虽然早在 18 世纪初的时候，人们就意识到细胞内部的结构是不均一的，但直到 20 世纪中叶，随着电子显微镜技术和亚细胞结构分离技术的发展与应用，真核细胞内部的各种细胞器等亚细胞结构才逐渐与细胞的具体生物化学功能联系起来，人们对真核细胞内部结构与功能的认识上升到了一个新的高度。

真核细胞内部的生命活动出现了细致的分工，分别由各种特化的细胞器来完成各项具体的生命活动的功能。细胞核内储存遗传信息，进行 DNA 的复制与基因的转录，并进行核糖体亚基的组装；线粒体通过氧化磷酸化来合成大部分的细胞生命活动所需的直接能源 ATP；内质网进行部分蛋白质的合成、加工和脂类的合成；高尔基体对内质网合成加工的蛋白质进行进一步的加工、包装后，通过膜泡定向运输到蛋白质行使功能的部位；溶酶体通过酸性水解酶的消化作用，清除细胞内衰老、冗余结构以及入侵的病原体，也可以消化分解吞噬进来的营养物质为细胞提供养分；细胞骨架为细胞形态结构的维持、细胞运动、细胞内物质运输等提供支持；植物细胞的叶绿体通过光合作用合成有机物，等等。

20 世纪中叶以来的几十年中，亚细胞组分的分离技术日益成熟，并在细胞生物学研究中得到广泛应用。通过对细胞破碎后得到的细胞匀浆物进行分级分离，可以得到各种不同的亚细胞结构组分，进而有助于确定各种亚细胞结构对应的功能。另外，亚细胞组分的分离也为无细胞体系研究提供了可能。无细胞体系研究是指在试管中（细胞外）重现复杂的细胞内事件，包括对 DNA 复制与转录、蛋白质合成、微管的装配等过程的研究。

在不同性质的实验中，亚细胞组分分离的目的是不同的，进而决定了组分分离过程需要采取的技术手段以及重点关注的问题。比如准备性实验，分离的亚细胞结构主要用于进一步分析研究或者是纯化分离，那么分级分离最重要的就是纯度和产量。对于为建立无细胞体系而进行的细胞组分的分级分离，最重要的是保持亚细胞结构的活性，而细胞组分纯度的影响则不是那么重要，因为通常情况下，细胞组分之间相互作用的检测都是特异性的实验，受细胞组分纯度的影响较小。

虽然实验的性质是决定亚细胞组分分级分离策略的主要因素，但是不同的细胞材料也对分级分离的技术手段和操作有不同的要求。目前，用于亚细胞组分分级分离的细胞材料主要有大鼠肝脏细胞、组织培养的细胞等。大鼠肝脏具有易于获得、操作简单的优点，是最常用的活体组织细胞材料来源之一，从这种器官中分离各种亚细胞组分的方法也已经比较成熟。组织培养的细胞有一个最大优点，就是细胞类型单一，所以也常用作亚细胞组分分级分离的细胞材料。

亚细胞组分分级分离的过程可以分为三大步：细胞破碎、分级分离、组分分析与鉴定。

2. 细胞破碎

为了得到各亚细胞组分，需要将细胞膜破碎，获得细胞匀浆。像大鼠肝脏或肾脏这样的器官、组织，细胞破碎相对简单；而对于其他的组织和细胞培养物，需要评估不同的细胞破碎技术，选择一种合适的方法来破碎细胞而不损伤目的细胞器。不同的细胞材料，不同的实验目的，可以选择不同的细胞破碎方法。常用的细胞破碎方法有研磨法、高压匀浆法、撞击破碎法、渗透压冲击法、超声波振荡法等。

（1）研磨法　研磨法利用固体间研磨剪切力和撞击使细胞破碎，是最有效的一种细胞物理破碎法。常用的研磨匀浆装置有杆状匀浆器（Potter-Elvehjem 匀浆器）、Dounce 匀浆器、球磨匀浆器等。

杆状匀浆器 ［图 3-1(a)］ 也叫 Potter-Elvehjem 匀浆器，由一根端部表面磨砂的研磨杆和一个内壁磨砂的套管组成。现在通用的杆状匀浆器，外筒是玻璃的，研磨杆的前端是 Teflon（特氟龙，聚四氟乙烯）材料，杆的上端用胶管与微型电动机的轴相连。研磨时筒内装上切碎的组织块，随着磨杆的旋转不时用手将外筒上下移动，使组织细胞破碎。

Dounce 匀浆器 ［图 3-1(b)］ 的研磨杆的前端呈球状，使用时研磨杆在研磨管内上下移动。每组 Dounce 匀浆器附有两支大小不同的杆，小研磨杆与研磨管吻合较松，用于初期组织分离；大研磨杆用于完成后期研磨。研磨杆头部的球形设计，与研磨管的接触面小，有助于降低摩擦产生的热，保持酶的活性；另外，也能在研磨后依然保持细胞核和线粒体的完整。

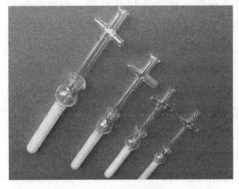

(a) 杆状匀浆器

(b) Dounce匀浆器

图 3-1　匀浆器

球磨匀浆器的主体一般是圆筒形腔体。磨腔内装钢珠或小玻璃珠以提高碾磨能力。一般来说，卧式珠磨破碎效率比立式高，因为立式机中向上流动的液体在某种程度上会使研磨珠流态化，降低其研磨效率。珠磨法破碎细胞分为间歇和连续操作，破碎过程产生大量的热能，实验设计时要考虑散热问题。珠磨的细胞破碎效率随细胞种类而异，适用于绝大多数真菌菌丝和藻类等微生物细胞的破碎。

（2）高压匀浆法　需要使用的设备是高压匀浆器，它由可产生高压的正向排代泵（positive displacenemt pump）和排出阀（discharge valve）组成，排出阀具有狭窄的小孔，其大小可以调节。细胞浆液通过止逆阀进入泵体内，在高压下迫使其在排出阀的小孔中高速冲出，并射向撞击环上，由于突然减压和高速冲击，使细胞受到高的液相剪切力而破碎。在操作方式上，可以采用单次通过匀浆器或多次循环通过等方式，也可连续操作。为了控制温度的升高，可在进口处用干冰调节温度，使出口温度调节在 20℃左右。在工业规模的细胞破碎中，对于酵母等难破碎的及浓度高或处于生长静止期的细胞，常采用多次循环的操作方法。

（3）撞击破碎法　细胞是弹性体，比一般刚性固体粒子难于破碎；将弹性细胞冷冻使其成为刚性球体，降低破碎难度，撞击破碎正是基于这样的原理。细胞悬浮液以喷雾状快速冻结，形成粒径小于 $50\mu m$ 的微粒子。高速载气（如氮气，流速约 $300m/s$）将冻结的微粒子送入破碎室，高速冲向撞击板，使冻结的细胞发生破碎。

细胞破碎仅发生在与撞击板撞击的一瞬间，细胞破碎均匀，可避免反复受力发生过度破碎的现象。细胞破碎程度可通过无级调节载气压力（流速）来控制，避免细胞内部结构的破坏，适用于亚细胞结构的分级分离。

（4）超声波振荡法　超声波振荡法是利用超声波振荡器发射的 $15\sim25kHz$ 的超声波探头处理细胞悬浮液。超声波振荡器有不同的类型，常用的为电声型，它是由发生器和换能器组成，发生器能产生高频电流，换能器的作用是把电磁振荡转换成机械振动。在超声波作用下液体形成空穴，产生极大的冲击波和剪切力，使细胞破碎。超声波破碎很强烈，破碎过程产生大量的热，对冷却的要求相当苛刻，主要用于实验室规模的细胞破碎。生物大分子如核酸和酶对超声敏感，一般不宜采用。

（5）渗透压冲击法　渗透压冲击法是较温和的一种细胞破碎方法。其基本操作过程是：将细胞放在高渗透压的溶液中（如一定浓度的甘油或蔗糖溶液），由于渗透压的作用，细胞内水分便向外渗出，细胞发生收缩；当达到平衡后，将介质快速稀释，或将细胞转入水或缓冲液中，由于渗透压的突然变化，胞外的水迅速渗入胞内，引起细胞快速膨胀而破裂。这种方法适用于动物细胞或细胞壁强度较弱细胞的破碎。

在破碎细胞时，须将细胞放在适当介质（匀浆缓冲液）中，其目的是使各种亚细胞结构都能保持原有的生活功能状态。对于肝、肾组织和贴壁生长的单层细胞培养物，常用的水溶性匀浆介质是 0.25mol/L 蔗糖溶液（等渗溶液），里面补加阳离子、蛋白酶抑制剂和螯合剂。对于大多数的其他细胞培养物而言，使用杆状匀浆器或 Dounce 匀浆器破碎细胞时，悬浮在等渗匀浆介质中很难获得理想的细胞匀浆。通常的做法是，先将细胞悬浮在低渗蔗糖溶液中进行匀浆，匀浆后立即加入高浓度的蔗糖溶液，将匀浆物调至等渗状态。需要注意的是，细胞及匀浆物不可在低渗溶液中长时间停留（最好不要超过 5min），否则容易引起膜质细胞器吸水膨胀破裂，溶酶体酶泄漏以及随后的物质降解。为了避免低渗处理对亚细胞结构产生不利影响，可以先用甘油处理培养的细胞，使其吸收甘油成为高渗状态，然后再放入等渗介质中使细胞吸水膨胀破裂，或用匀浆机进行匀浆。整个操作过程应注意使样品保持4℃，避免酶失活。

3. 亚细胞组分的分级分离——离心

细胞破碎后各种亚细胞组分分散在介质中，可以根据要分离的目的组分的形状、大小、密度和表面电荷等物理性质，选取不同的方法进行分离，如依据组分大小进行分离的凝胶过滤技术，以组分大小和密度为基础的离心分离技术，以及根据表面电荷的差异进行分离的电泳技术等。其中，离心技术应用最为广泛，细胞匀浆首先通过离心技术分离为一系列的亚分离物，然后再用特定的方法进行提纯，获得目的亚细胞组分。

纯化特定的细胞器具有很高的难度，往往需要经过多个步骤才能完成。需要注意的是，在实际操作中，是不可能获得100%纯化的某一特定的亚细胞组分的。

目前，离心技术已可以做到对不同容量（亚毫升～升）的亚细胞组分进行精细纯化，而其他的分离纯化技术都有各自难以克服的局限性。如凝胶过滤技术受限于树脂孔径，只适用于把形状规则的较小（直径100～200nm）的膜泡从较大的或形状不规则的细胞器中分离出来；电泳技术常用于准备性实验中细胞器的纯化，但是由于大部分细胞器表面电荷差异不大，所以纯化过程变得非常复杂。所以，这里重点介绍亚细胞组分分离技术中的离心技术。

（1）离心技术的基本原理　离心技术是利用物体高速旋转时产生强大的离心力，使置于旋转体中的悬浮颗粒发生沉降或漂浮，从而使某些颗粒达到浓缩或与其他颗粒分离之目的。这里的悬浮颗粒主要是指制成悬浮状态的亚细胞结构。离心机转子高速旋转时，当悬浮颗粒密度大于周围介质密度时，颗粒离开轴心方向移动，发生沉降；如果颗粒密度低于周围介质的密度时，则颗粒朝向轴心方向移动而发生漂浮。由于不同亚细胞组分的质量、密度、大小及形状等彼此各不相同，在同一固定大小的离心场中沉降速度也就不相同，由此便可以得到相互间的分离。

将样品放入离心机转子的离心管内，离心机转动时，样品液就随离心管做匀速圆周运动，于是就产生了一向外的离心力。离心力是一种虚拟力，是在一个非惯性参考系（旋转参考系）下观测到的一种惯性力，它使旋转的物体远离它的旋转中心。它的作用只是为了在旋转参考系（非惯性参考系）下，牛顿运动定律依然能够使用。

离心力的大小为：

$$F = m\omega^2 r$$

式中，F 为离心力的强度；m 为沉降颗粒的质量；ω 为离心转子转动的角速度，rad/s；r 为离心半径，即沉降颗粒到旋转轴中心的水平距离。

离心力随着转速和颗粒质量的提高而加大，而随着离心半径的减小而降低。

离心力通常用相对离心力（relative centrifugal force，RCF）表示，即离心力 F 的大小相当于沉降颗粒重力（G）的多少倍，其计算公式如下：

$$RCF = F/G = m\omega^2 r/(mg) = (2\pi n)^2 r/g = 4\pi^2 (N/60)^2 R/g = 1.119 \times 10^{-5} N^2 R$$

式中，n（单位 r/s）和 N（单位 r/min）为转速；r（单位 m）和 R（单位 cm）为离心半径。

可以看出，在同一转速下，由于 R 的不同，RCF 也会有所变化，实际应用时一般取平均值。RCF 是一个只与离心机相关的参数，而与样品并无直接的关系。用相对离心力表达的离心条件一般以重力加速度（g）为单位，意思是离心场强（$\omega^2 r$）相当于重力场强度（数值上等于重力加速度）的多少倍。

离心时，球形颗粒沉降物在离心介质中的运动规律可以用 Svedberg 方程来描述：

$$\frac{v}{\omega^2 r}=\frac{2r_p^2(\rho_p-\rho_m)}{9\eta}$$

式中，v 为颗粒的沉降速度；ω 为离心时沉降颗粒在离心场中转动的角速度；r 为沉降颗粒的离心半径；r_p 为沉降颗粒半径；ρ_p 为沉降颗粒密度；ρ_m 为离心介质密度；η 为介质的黏度系数，kg/(m·s)。

由 Svedberg 方程可知，离心时，颗粒沉降物在离心介质中的沉降速度与离心场强（$\omega^2 r$）、沉降颗粒半径、沉降颗粒与离心介质的密度差成正相关，而与离心介质的黏度系数呈负相关。

离心场强是由离心机决定的参数。单位离心场强下颗粒的沉降速度（即 Svedberg 方程的左边）称为沉降系数（sedimentation coefficient），单位是 S（Svedberg），$1S=10^{-13}$ s。如血红蛋白的沉降系数约为 4×10^{-13} s 或 4S。一般的蛋白质在 1~20S 之间，较大核酸分子在 4~100S 之间，更大的亚细胞结构在 30~500S 之间。

颗粒沉降物在离心介质中沉降所需的时间可以用以下公式进行估算：

$$t=k/s=(\ln r_{max}-\ln r_{min})/(4\pi^2 n^2 s)$$

式中，t 为颗粒沉降物从离心介质的液面沉降到离心管底部所需的时间；k 是由离心机决定的常数，其数值大小与离心半径及离心的转速有关，可以查表获得；s 为颗粒沉降物的沉降系数；r_{max} 是离心介质底部到旋转轴中心的水平距离，即离心结束时沉降物的离心半径；r_{min} 是离心介质液面到旋转轴中心的水平距离，代表离心开始时沉降物的离心半径；n 为离心的转速。

（2）常用离心技术　常用的离心技术包括差速离心、密度梯度离心、分析超速离心、离心淘洗、区带离心及连续流离心等技术，其中差速离心（differential centrifugation）和密度梯度离心（density gradient centrifugation）是亚细胞组分分离中最常用的离心技术，其他技术大多需要特殊的离心机或转子。

1）差速离心　差速离心是根据颗粒大小和密度不同造成的沉降系数的差异，通过逐渐提高离心转速，或高速与低速离心交替进行，使具有不同质量的颗粒样品从混合液中分批沉降至管底，从而实现分离目的。该方法适用于混合样品中各沉降系数差别较大的组分之间的分离。

差速离心法一般采用固定角转子，通过较低速度的离心沉淀，最重的颗粒将最先沉到管底。继续将上清液以更高的转速沉淀，即可得到次重的颗粒样品。逐步增加离心转速，即可分别得到不同质量的样品颗粒，以达到分离的目的。但以上只是理想状态，通常每步得到的沉淀并不均一，通常会混有较轻的颗粒。这是因为在离心前各种质量的颗粒均匀分布在溶液中，当开始离心后，所有颗粒都依照自身的沉降速度向管底移动，所以距离管底较近的轻颗粒也会沉到管底而混合到重颗粒之中。通常为了得到较纯的颗粒样品，还需要将沉淀重悬，用相同的转速再次沉淀。重复几次之后即可得到大小基本均一的颗粒。但是一般在实际使用中，差速离心通常用于沉降系数相差 1 个数量级及以上的颗粒的分离，且沉淀不能实现完全回收。

在差速离心中细胞器沉降的顺序依次为：细胞核、线粒体、溶酶体与过氧化物酶体、内质网与高尔基体、核糖体（表3-1）。由于各种细胞器在大小和密度上相互重叠，一般重复2~3次效果会好一些。通过差速离心可将细胞器初步分离，但常需进一步通过密度梯度离心再进行分离纯化。

表 3-1　差速离心条件及沉淀的亚细胞组分

离心条件	沉淀(内容物)[①]
$1000g \times 10min$	P1(细胞核,重线粒体,大片细胞膜)
$3000g \times 10min$	P2(重线粒体,细胞膜碎片)
$6000g \times 10min$	P3(线粒体,溶酶体,过氧化物酶体,完整高尔基体)
$10000g \times 10min$	P4(线粒体,溶酶体,过氧化物酶体,高尔基体膜)
$20000g \times 10min$	P5(溶酶体,过氧化物酶体,高尔基体膜,粗面内质网膜泡)
$100000g \times 10min$	P6(内质网膜泡,细胞膜,高尔基体膜,胞内体等)

① 实践中，各沉淀内容物的成分会更复杂。沉降速度慢的物质可能被沉降快的物质夹挟而一起沉降，这个问题可以通过重悬和再次离心，部分得到解决。细胞膜碎片大小变化很大，所以可能出现在所有沉淀中。大多数线粒体出现在沉淀 P2 和 P3 中；大多数溶酶体和过氧化物酶体存在于沉淀 P4 中。

注：引自 Dealtry and Rickwood，1992。

2）密度梯度离心　密度梯度离心是使待分离样品在密度梯度介质中进行离心沉降或沉降平衡，最终分配到梯度中某些特定位置上，形成不同区带的分离方法，又称区带离心。密度梯度离心不仅可依据样品颗粒的质量及沉降系数进行分离，还可根据样品颗粒的密度、形状等特征进行分离。

密度梯度离心可分为速度沉降和等密度沉降两种。① 速度沉降（velocity sedimentation）主要用于分离密度相近而大小不等的亚细胞组分。这种方法所采用的介质密度较低，介质的最大密度应小于被分离亚细胞组分的最小密度。亚细胞组分在平缓的密度梯度介质中按各自的沉降系数以不同的速度沉降而达到分离的目的。②等密度沉降（isopycnic sedimentation）适用于分离密度不等的亚细胞组分。在连续梯度的介质中，经足够大离心力和足够长时间，各亚细胞组分沉降或漂浮到与自身密度相等的介质处，并停留在那里达到平衡，从而将不同密度的组分分离。等密度沉降通常在密度跨度较大的介质中进行，所有待分离组分的密度都应位于离心介质的密度梯度范围之内。等密度沉降所需要的离心场强通常比速度沉降大 10~100 倍，故往往需要高速或超速离心，离心时间也较长。大的离心力、长的离心时间都对细胞不利。因此，这种方法适于分离、纯化细胞器，而不太适于分离和纯化细胞。

密度梯度离心中，离心介质密度梯度的形成有两种常用的方法：预制梯度和自成梯度。

① 预制梯度：一般先制备两种浓度的储备液，它们的浓度决定最终所形成梯度溶液的极限。可以通过分步减小密度，从离心管底部到上部逐渐加液的方式形成不连续梯度溶液，也可以通过一个梯度混合器产生连续梯度密度。常用介质有蔗糖、氯化铯溶液等。待分离样品一般铺在梯度介质的表面，如需置于梯度介质中间或底部，则需调节样品液密度。

② 自成梯度：某些离心介质在离心过程中，会自动形成密度梯度，例如 Percoll，高速离心时可迅速形成梯度，氯化铯、硫酸钙经长时间离心后也可产生稳定的梯度。先将待分离样品和离心介质均匀混合，离心开始后，离心介质由于离心力的作用逐渐形成管底浓而管顶稀的密度梯度，与此同时，可以带动原来混合的样品颗粒也发生重新分布，到达与其自身密

度相等的梯度层里，即达到等密度的位置而获得分离。

密度梯度离心的优点是：分离效果好，可一次性获得较纯的样品颗粒；适用范围广，既可像差速离心一样分离具有沉降系数差异的颗粒，又能分离有一定浮力密度差的颗粒；颗粒会悬浮在相应的位置上形成区带，而不会形成沉淀被挤压变形，故能最大限度保持样品的生物活性；样品处理量大，且可同时处理多个样品；对温度变化及加减速引起的扰动不敏感。密度梯度离心的缺点是：离心时间长，需制备密度梯度介质溶液，对操作者的技能要求较高。密度梯度离心通常采用吊桶式的水平转子或垂直转子。

（3）仪器设备

通过离心技术分级分离亚细胞结构，需要一系列的仪器设备，包括离心机、折射仪、密度梯度形成装置、梯度组分收集装置等。

1）离心机（centrifuge） 根据转子转速大小的不同，通常使用的离心机可分为普通离心机、高速离心机和超速离心机三类。普通离心机的最高转速不超过 6000r/min，高速离心机在 25000r/min 以下，超速离心机的最高速度达 30000r/min 以上。通过离心技术分离亚细胞组分时，实验室至少需配备一台普通离心机和一台高速或超速离心机。普通离心机离心容

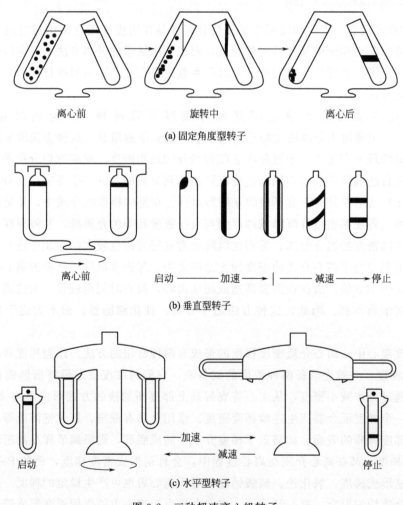

(a) 固定角度型转子

(b) 垂直型转子

(c) 水平型转子

图 3-2　三种超速离心机转子

（引自 J. S. 博尼费斯农，等，2007）

量大，主要用于较大亚细胞组分的前期粗分离，如细胞核的沉淀。高速或超速离心机用于后续的组分分离与纯化，离心容量较小。

要保持亚细胞组分的生物活性，组分分级分离过程需要在低温（≤4℃）下进行，因此离心机必须能够制冷。另外，离心机需要有抽真空的设备，使转子在一个抽真空的小室中旋转，减少转子旋转时与空气之间的摩擦力以及由此产生的热量。

常用的离心机转子可分为固定角度型、垂直型和水平型（图 3-2）。在固定角度型转子中，离心管与旋转轴之间呈一定的倾斜角度，离心时，沉降颗粒先向外侧管壁方向移动，然后沿管壁向下沉淀到离心管底部。固定角度型转子能产生较大的离心力（RCF 可达 $600000g$），且离心容量大，因此常用于从大量细胞匀浆物中初步沉淀分离亚细胞组分。在垂直型转子中，离心管与水平面垂直，离心管中的液体在离心加速过程中由水平状态变为垂直状态，而在减速过程中又逐渐恢复至水平状态。由于离心时液体方向的改变，液层变浅，达到沉降平衡所需的时间变短，因此有利于密度梯度离心。水平型转子，又称吊桶型，离心加速过程中，离心管的方向由垂直变为水平，离心力的方向与离心管长轴平行；减速时离心管再变回垂直状态。这种类型的转子常用于离心力较低情况下的密度梯度离心，分离密度相近、沉降系数有差异的亚细胞组分。

2）折射仪（Abbe refractometer）　折射仪是测量光线在某种物质中折射率的仪器。折射率是物质的重要物理常数之一，随温度或光线波长的不同而不同：透光物质的温度升高，折射率变小；光线的波长越短，折射率越大。通过测定液体物质的折射率，可以准确判断液体的浓度以及密度，确定液体混合物的组成，鉴定未知化合物。表 3-2 是常用离心介质蔗糖溶液的折射率与浓度以及密度的关系。明确离心介质的折射率与密度的对应关系，有助于区分离心后不同浓度梯度中的亚细胞组分。

表 3-2　蔗糖溶液浓度、密度与折射率的关系（20℃）

质量浓度/%	浓度/(mol/L)	密度/(g/ml)	折射率
10	0.30	1.038	1.3479
20	0.63	1.081	1.3639
30	0.99	1.127	1.3811
40	1.38	1.176	1.3997
50	1.80	1.230	1.4200
60	2.26	1.286	1.4418
70	2.76	1.347	1.4651

注：引自 J. S. 博尼费斯农，等，2007。

3）密度梯度形成装置　该装置由两个底部连通的小室——储液室（或称回流储液槽）和混合室组成，小室间的通道有一个控制阀门（图 3-3）。储液室和混合室装有不同密度的溶液。混合室内有一个搅拌装置，可以通过将混合室内的溶液与来自储液室的部分溶液混合，产生目的密度的溶液，并通过一个输送管和一个驱动泵运送到离心管中去。一旦部分混合室的溶液被运送到离心管，混合室内压力降低，两小室间通道的阀门打开，储液室溶液流向混合室，混合室内又产生新的密度的溶液，并被输送到离心管。这个过程持续进行，混合室内溶液的密度呈线性变化（升高或降低，取决于储液室和混合室内溶液密度的高低），即可在离心管内形成线性密度梯度的溶液。如果储液室内溶液密度较高，则混合室内先形成的溶液密度较低，随后不断升高；这时输送管的出口应在离心管底部。反之，如果混合室内溶液密度高于储液室溶液密度，则混合室内溶液密度开始时最高，随后持续降低；这时输送管的出口应在离心管最高液面之上。

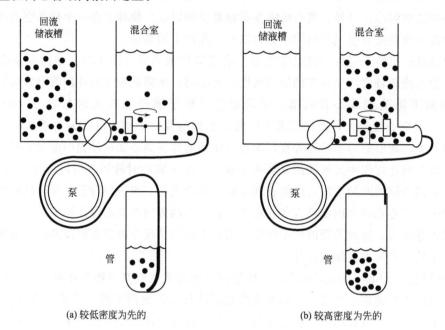

(a) 较低密度为先的   (b) 较高密度为先的

图 3-3　密度梯度形成装置

从混合室导出一根输送管，经蠕动泵驱动，进入离心管中。

(引自 J. S. 博尼费斯农，等，2007)

4）梯度组分收集装置　在密度梯度离心结束后，需要将各梯度组分分别收集，在此过程中应避免破坏离心管内的组分梯度。移液器可用于从顶部开始收集梯度分级组分。用针头刺穿离心管底部，也可以从底部开始收集先后流出的不同梯度组分。

（4）离心介质　通过离心技术分级分离亚细胞组分，需要将细胞匀浆物置于一定的离心介质中进行。常用的离心介质包括小分子有机物（如蔗糖溶液）、有机高聚物（如 Ficoll）、碘化的非电解质［如碘海醇（Accudenz，原来称作 Nycodenz）、甲泛葡胺（metrizamide）、碘克沙醇（iodixanol）等］和胶态二氧化硅（如 Percoll）等。离心介质中如果含有电解质，会使细胞器易于聚集成团，增加分离的难度，因此目前使用的大多数离心介质都是不含电解质的。理想的离心介质应该对细胞及细胞器无毒，密度跨度大，密度高时黏度不高、渗透压不大。

亚细胞组分离心分离最常用的介质是蔗糖溶液。其优点有：蔗糖价格便宜，溶解度高；蔗糖溶液的密度跨度大，可以包含绝大多数细胞器的密度范围；以蔗糖溶液为介质分离大多数细胞器的技术都已成熟。但蔗糖溶液介质也有其局限性，主要表现在高浓度时黏度大且渗透压高。等渗的蔗糖溶液为 0.25mol/L，密度只有 1.03g/ml，这仅相当于细胞器的密度下限（表 3-3）。所以，以蔗糖溶液为介质的细胞器分离都是在高渗状态下进行的。黏度大会增加沉降分离的阻力；高渗会使细胞器失水收缩，密度增加。虽然细胞器的失水收缩对于多数细胞器而言是可逆的，但是这种体积和密度的变化会降低密度梯度离心分离细胞器的精确性。

表 3-3　亚细胞结构在蔗糖和低渗透压介质中的密度

亚细胞结构	密度/(g/cm³)	
	蔗糖	低渗透压介质[②]
细胞核	＞1.30	1.21～1.24
线粒体	1.17～1.21	1.15～1.20
溶酶体	1.19～1.21	1.10～1.15
过氧化物酶体	1.18～1.23	1.19～1.22
粗面内质网	1.18～1.26	n. a.[①]
滑面内质网	1.06～1.15	1.03～1.07
高尔基体	1.05～1.12	1.03～1.08
叶绿体	1.18～1.20	1.10～1.13

① n. a. 指未得到数据。

② 低渗透压介质：这里指的是 Accudenz、metrizamide 或 Percoll。

注：引自 Dealtry and Rickwood，1992。

有时可以用含糖的醇溶液代替蔗糖溶液，如甘油，其黏度低于同样浓度的蔗糖溶液；但缺点是密度跨度较小，且能跨膜渗透。在酵母菌的组分分离中，常使用山梨醇代替蔗糖，因为酵母菌会分泌转化酶（一种蔗糖酶）。

Ficoll400 是蔗糖与表氯醇（3,4-环氧丁腈）的多聚物，呈中性，平均分子量为 400000，不穿过生物膜，可以作为蔗糖的替代品。Ficoll 400 在低浓度时渗透压很低，但浓度超过 30g/100mL 后渗透压迅速升高；而且在同样的浓度下，其黏稠度远远高于蔗糖溶液。所以，Ficoll 400 常用作其他离心介质的添加剂。

为了使离心介质具有较大的密度分布范围，且同时具有较低的渗透压和黏度，可以选择 Accudenz 或 Percoll。Accudenz 是一种三碘苯甲酸衍生物，非电解质，可溶于多数溶剂，渗透压和黏度都低于相同密度的蔗糖溶液；但缺点是价格昂贵，能够吸收紫外线，且能抑制某些酶的活性。Percoll 是一种包有乙烯吡咯烷酮的硅胶颗粒，其渗透压很低（小于 20mOsm），因此，在亚细胞组分分离时，常与等渗的蔗糖溶液联合使用。Percoll 黏度很小，且可形成高达 1.3g/ml 的密度。由于 Percoll 颗粒有大小和密度的差异，离心时可自动形成密度梯度。此外，Percoll 不穿透生物膜，对细胞无毒害，因此广泛用于分离细胞、亚细胞成分、细菌及病毒等。Percoll 的局限性：能吸收紫外线，影响蛋白质测定；在酸及有机溶剂中沉淀，且难以清除。

（5）离心分离组分的收集

1）穿刺法　这是方便而又理想的部分收集方法。用一根金属空心针从离心管底刺入管内，不同区带内的组分自下而上地先后从针管内分别流出，然后用部分收集器分别收集。

2）取代法　在离心管口加一个带有收集导管的塞子，塞子上同时装有一根输液导管插入离心管的管底，从输液管中注入高密度的离心介质，其密度高于离心管中所形成的最大密度。当取代液不断注入时离心管中的溶液逐渐上升，并不断从收集导管中流出，然后用部分收集器分别收集。

（6）离心注意事项

1）为了确保安全和离心效果，离心机必须放置在坚固水平的平面上。

2）每个转子都有其最高允许转速和使用累积限时。使用转子时要查阅说明书，不得超速使用。每一转子都要有一份使用档案，记录累积的使用时间，若超过了该转子的最高使用限时，则须按规定降速使用。

3）使用前应检查转子是否有伤痕、腐蚀等现象，同时应对离心杯做裂纹、老化等方面的检查，发现有疑问立即停止使用。

4）离心管装载溶液时，要根据离心机的说明书来进行，并根据待离心液体的性质及体积选用适合的离心管。有的离心管无盖，液体不得装得过多，以防离心时甩出，造成转子不平衡、生锈或被腐蚀；而制备性超速离心机的离心管，则常常要求必须将液体装满，以免离心时塑料离心管的上部凹陷变形。

5）离心前，须用天平精确配平离心管和其内容物的质量，各管质量之差不得超过离心机说明书上所规定的范围；每个离心机不同的转子有各自允许的最大差值。

6）离心管必须对称放置于转子中，以防止机身抖动，甚至其他可能的严重安全事故。若只有一支样品管，可用另一离心管内装等质量的水来平衡。

7）开机前请务必拧紧转子的压紧螺帽，以免高速旋转的转子飞出造成事故。

8）在离心过程中，操作人员不得离开离心机室。如果离心机发出异常声音，应先关机（按 stop 键），再断开电源，及时排除故障。

9）分离结束后，先关闭离心机，在离心机停止转动后，方可打开离心机盖，取出样品。不可用外力强制其停止运动，也不得在机器运转过程中或转子未停稳的情况下打开盖门，以免发生事故。

10）若要在低于室温的温度下离心时，转子在使用前应置于冰箱或离心机的转子室内预冷。离心机在预冷状态时，须关闭离心机盖。转子在转子室预冷时，转子盖不可不拧紧浮放在转子上，因为一旦误启动，转子盖就会飞出，造成事故！

11）每次使用后，必须仔细检查转子，及时清洗、擦干。转子是离心机中须重点保护的部件，搬动时要小心，不能碰撞，避免造成伤痕；转子长时间不用时，要涂上一层上光蜡，防止生锈。

4. 分离组分的分析与鉴定

分离亚细胞组分的第三步是对分级分离得到的组分进行分析和鉴定。根据实验的不同要求，以及实验材料的差异，即使是分离同一种亚细胞组分，具体的操作过程和分离条件都会有所差异，需要根据具体情况进行一些调整。因此在分级分离之后，有必要通过显微观察、标志酶活性及蛋白质含量检测，来分析、评定分级分离过程及分离结果的可靠性和稳定性。在匀浆和亚细胞成分分离、纯化过程中，监测特定标志酶的活性，可以确定目的亚细胞组分的产量、纯度，以及污染组分的组成。如果同时检测蛋白质浓度，则可以确定蛋白质的比活性（活性与蛋白质含量的比率），评估组分纯化的效率。对每种分离组分中特定标志酶活性进行检测，可以确定特定亚细胞组分在各分级分离物中的分布情况。表 3-4 列出了哺乳动物细胞主要亚细胞组分的标志酶。

表 3-4 哺乳动物细胞主要亚细胞组分的标志酶

亚细胞组分	标志酶
细胞膜	5′-核苷酸酶，Na^+/K^+-ATP 酶
核膜	核苷酸三磷酸酶
内质网	NADPH[①]（或 NADH）-细胞色素 c 还原酶

亚细胞组分	标志酶
高尔基体	半乳糖基转移酶(动物),葡聚糖合成酶Ⅰ(植物)
线粒体	琥珀酸脱氢酶,细胞色素 c 氧化酶
线粒体外膜	单胺氧化酶
溶酶体	β-半乳糖苷酶,酸性磷酸化酶
过氧化物酶体	过氧化氢酶,尿酸酶

① NADPH,还原 β-烟酰胺腺嘌呤二核苷酸磷酸;NADH,还原 β-烟酰胺腺嘌呤二核苷酸

注:引自 Dealtry and Rickwood，1992。

实验 22

细胞核的分离与鉴定

【实验目的】

1. 掌握动物细胞核的制备方法。
2. 了解细胞核鉴定方法。
3. 熟练掌握离心机的使用方法。

【实验原理】

细胞核 (nucleus) 是细胞的控制中心，在细胞的代谢、生长、分化中起着重要作用，是遗传物质 DNA 的主要存在部位。细胞核的结构由核膜、核纤层、染色质、核仁和核基质等构成。外层核膜和内质网膜相连，核纤层与细胞质中的中间丝骨架相连，从而被固定在细胞中特定的位置。

分离细胞核通常采用哺乳动物体内柔软的器官组织作为生物材料，如大鼠肝脏，因为其价格便宜，制备细胞核较为容易，所以应用最为广泛。但根据实验目的不同，培养的细胞、低等真核细胞以及植物细胞等都可能用来分离、制备细胞核。

细胞核的分离一般是通过细胞匀浆后再离心来实现的。细胞核的密度大，离心时可以顺利通过较浓的蔗糖溶液，从而与其他细胞组分分离。

分离得到的细胞核可以通过染色法鉴定。吉姆萨 (Giemsa) 由天青和伊红组成。细胞核内组蛋白为碱性蛋白质，与酸性染料伊红结合，呈红色；酸性蛋白质与碱性染料天青结合，染成紫蓝色；中性蛋白质呈等电状态，与伊红和美蓝均可结合，呈淡紫色。

【实验用品】

1. 实验材料

大鼠肝脏。

2. 实验器具

高速冷冻离心机，解剖刀，解剖剪，小烧杯，冰浴，漏斗，尼龙织物 (或纱布、滤纸)，匀浆器，瓷研钵，显微镜，天平，载玻片，盖玻片，微量离心管，水浴箱。

3. 实验试剂

(1) 裂解缓冲液

蔗糖   0.25mol/L

Tris-HCl (pH7.4)   10mmol/L

KCl	25mmol/L
MgCl$_2$	5mmol/L

PMSF（phenylmethylsulfonyl fluoride，苯甲基磺酰氟；使用前添加）　　0.5mmol/L

4℃可储存 2～3d。

（2）蔗糖密度筛（sucrosedensityboult，SDB）

蔗糖	2mol/L
Tris-HCl	10mmol/L
KCl	25mmol/L
MgCl$_2$	5mmol/L
PMSF（使用前添加）	0.5mmol/L

pH7.4

4℃可储存 2～3d。

（3）67mmol/L 磷酸盐缓冲液（pH6.8）

KH$_2$PO$_4$ 67mmol/L	50ml
Na$_2$HPO$_4$ 67mmol/L	50ml

（4）吉姆萨（Giemsa）染液（参见附录）。

【实验步骤】

1. 制备大鼠肝细胞匀浆

（1）实验前大鼠禁食过夜，以降低肝组织中脂肪含量。颈椎脱臼法处死大鼠，剖腹取肝，将肝脏剪/切成小块（小于1cm^3）。

（2）称取肝组织块10g，用预冷到0～4℃的裂解缓冲液洗涤 2～3 次，然后放入 20ml 预冷的裂解缓冲液中。

（3）将裂解缓冲液和肝组织块混合物放入匀浆器中，研磨使细胞裂解，获得肝细胞匀浆。在此过程中，裂解缓冲液应分数次添加。

（4）过滤肝细胞匀浆，除去未裂解的细胞和残存的结缔组织，并用等体积的裂解缓冲液稀释，备用。过滤可以使用 4 层粗孔滤纸或 3 层粗棉布，或单层 75μm 孔径的尼龙网。

2. 离心分离细胞核

（1）先向预冷的离心管中加入大约离心管容量一半体积的蔗糖密度筛（SDB），然后沿离心管壁缓缓加入等体积的肝细胞匀浆物，尽量减少二者的混合。

（2）4℃，23000g 离心 30min，离心管底部的白色沉淀即为细胞核。

（3）弃上清液，清除离心管壁上的残余物质；用 20ml 裂解缓冲液重新悬浮沉淀，1500g 离心 5min；吸去上清液；沉淀用 20ml 裂解缓冲液重新悬浮，即为肝细胞核悬液。

（4）取少量肝细胞核悬液，稀释 100 倍，血细胞计数板计数。

（5）根据后续实验目的，用裂解缓冲液将细胞核悬液稀释成 2 倍母液；加等体积甘油，液氮中冷冻，－80℃保存。

3. 细胞核的鉴定

（1）取 1 滴细胞核悬液，滴于载玻片上，涂片，自然干燥。

（2）甲醇-冰醋酸（9∶1，体积比）固定 15min。

（3）充分吹干，吉姆萨染液染色 10min。

（4）蒸馏水冲洗，吹干，镜检。

结果：细胞核呈紫红色，上面附着的少量细胞质为浅蓝色。

【注意事项】

1. 为了减小蛋白酶解作用的影响，保持细胞核的活性状态，需要预冷所有的仪器和试剂，并添加蛋白酶抑制剂。PMSF 是一种常用的蛋白酶抑制剂，能抑制丝氨酸蛋白酶和半胱氨酸蛋白酶的活性，可在使用前添加到所有的溶液中。

2. 裂解缓冲液选择：制备过程中使用的裂解缓冲液会影响分离得到的细胞核的性质，根据后续实验目的的不同，选择不同的缓冲液，没有普遍适用的完美缓冲液。比如，若要进行细胞核转运实验，则分离细胞核时不能选用含镁离子的缓冲液。

3. 分离细胞核的蔗糖密度筛的浓度：大鼠肝脏细胞核能够通过 2mol/L 的蔗糖溶液；小鼠或仓鼠的细胞核却不能，需要用 1.8mol/L 的蔗糖溶液。用多少浓度的蔗糖溶液作为密度筛，要根据生物材料的具体情况而定。若蔗糖溶液浓度过高，密度超过了细胞核的密度，则离心时细胞核就不能通过蔗糖密度筛，得不到细胞核沉淀。降低蔗糖密度筛的浓度，重复制备过程，可以确定蔗糖密度筛的浓度是否太高。

4. Giemsa 染色结果对 pH 非常敏感。细胞各种结构均含蛋白质，而蛋白质是两性电解质，所带电荷随溶液 pH 而改变，在偏酸性环境里正电荷增多，易和伊红结合，染色为偏红；在偏碱性环境里负电荷增多，易和天青结合，染色偏蓝。所以，染色用载玻片一定要清洁，无酸碱污染；配制染色液要用优质甲醇；稀释染色液一定用缓冲液；冲洗用水应近中性。若有酸碱污染，可导致 Giemsa 染色反应异常。

5. 向离心管加样时，如果干细胞匀浆物与蔗糖密度筛溶液发生混合，会导致沉淀变脏，呈红色或粉色。

【作业及思考题】

1. 如果离心后，沉淀中的细胞核很少，可能是什么原因导致的？

2. 还可以用什么方法鉴定分离细胞核？

实验 23

线粒体的分离与鉴定

【实验目的】

1. 学习差速离心法分离动物、植物的线粒体。
2. 利用密度梯度离心法纯化线粒体。

【实验原理】

线粒体（mitochondria）是真核细胞特有的，进行能量转换的重要细胞器。细胞通过线粒体的氧化磷酸化，将脂肪、糖、氨基酸等有机物中的能量转化合成细胞生理活动需要的ATP。对线粒体结构与功能的研究通常是在离体的线粒体上进行的。

利用不同的生物材料制备线粒体会遇到不同的问题，没有一种方法完全适用于各种生物材料。但是线粒体的分离制备有一个基本的操作过程，就是先将组织或细胞匀浆，然后进行差速离心分离，如果有必要，可以进一步密度梯度离心纯化。等渗的蔗糖溶液（0.25mol/L）是细胞匀浆和差速离心分离亚细胞组分中最常用的悬浮介质，在一定程度上能保持细胞器的结构和酶的活性；但在分离线粒体时，介质中蔗糖也可以用甘露醇代替。EDTA（ethylene diamine tetraacetic acid，乙二胺四乙酸）可螯合二价阳离子，减少细胞间以及细胞组分间的黏着。Tris-HCl 缓冲液可以保持匀浆 pH 值的稳定。

大鼠肝脏容易获取，匀浆难度小，线粒体含量高，是制备线粒体最常用的动物组织。大鼠的生理状况和具体的制备方法会影响线粒体产量和纯度。

线粒体组分的鉴定可以用电子显微镜观察，或用詹纳斯绿 B 超活染色法光镜观察。詹纳斯绿 B（Janus green B）是对线粒体专一的染料，毒性很小，线粒体的细胞色素氧化酶使该染料保持在氧化状态呈现蓝绿色从而使线粒体显色，而胞质中的染料被还原成无色。

分离制备的线粒体可能混杂有其他细胞器，如溶酶体和过氧化物酶体，可以通过检测相应的标志酶来分析线粒体组分的产量和相对纯度。

【实验用品】

1. 实验材料

大鼠肝脏，玉米幼苗。

2. 实验器具

高速冷冻离心机，Potter-Elvehjem 匀浆器（或 Dounce 匀浆器），解剖刀剪，小烧杯，冰浴，漏斗，尼龙织物（或纱布），瓷研钵，显微镜，天平，载玻片，盖玻片，微量离心管，巴斯德吸管。

3. 实验试剂

（1）匀浆缓冲液（MS）

蔗糖	70mmol/L
甘露醇	210mmol/L
Tris-HCl	50mmol/L（pH7.5）
EDTA	1mmol/L

（2）詹纳斯绿 B 染液（0.02%）（见附录）。

（3）20%次氯酸钠（NaClO）溶液。

（4）1mol/L 蔗糖缓冲液

蔗糖	1mol/L
Tris-HCl	10mmol/L（pH7.5）
EDTA	1mmol/L（pH7.5）

（5）1.5mol/L 蔗糖缓冲液

蔗糖	1.5mol/L
Tris-HCl	10mmol/L（pH7.5）
EDTA	1mmol/L（pH7.5）

【实验步骤】

1. 大鼠肝细胞线粒体的制备

（1）实验前大鼠空腹过夜，颈椎脱臼法处死，迅速剖腹取肝，在冰浴的小烧杯中去除结缔组织，称重后切成 1～2mm 厚的薄片，用预冷的匀浆缓冲液（MS）冲洗两次，洗去肝脏中的血液。

（2）将肝脏薄片转移至匀浆器中，加入约 10 倍体积的匀浆缓冲液（MS），制备 1：10 的肝组织匀浆；这里肝脏组织块的体积是按照大鼠肝脏密度 1g/cm³ 计算出来的。大鼠肝脏使用 Potter-Elvehjem 匀浆器匀浆效果较好，也可使用配备与研磨管吻合较松的小研磨杆的 Dounce 匀浆器。

（3）将匀浆转移至离心管。如果后面进行标志酶检测，需要保留部分匀浆。1300g 离心 10min，沉淀未破碎的细胞、细胞核及残存的结缔组织。

（4）将上清液转移至干净的试管中，冰上保存。

（5）用匀浆缓冲液（MS）重悬沉淀，1300g 离心 10min，收集上清液，与第（4）步的上清液合并到一起。此步可回收部分沉淀中因粘连、缠绕等原因夹携的线粒体。

（6）两次的上清液一起 1300g 离心 10min，收集上清液，再重复离心 1 次。

（7）收集上清液，17000g 离心 15min，沉淀线粒体。

（8）弃上清液，小心将离心管内壁粘连的脂肪及碎片擦净。

（9）用匀浆缓冲液（MS）悬浮线粒体沉淀，17000g 离心 15min，漂洗线粒体。重复两次。

（10）将最终的沉淀用适当的缓冲液悬浮，保存。选用哪种缓冲液保存线粒体，主要取决于后续工作的目的和要求。

2. 玉米线粒体的分离

（1）玉米种子用 20％次氯酸钠溶液浸泡 10min 消毒，清水漂洗 30min，浸泡 15h。将种子平铺在放有湿纱布的盘内，保持湿度，置温箱 28℃于暗处培育 2～3d。待芽长到 1～2cm 长时剪下，置于 0～4℃ 1h。

（2）加 3 倍体积匀浆缓冲液，在研钵内研磨成匀浆。

（3）用多层纱布过滤，滤液经 1300g 离心 10min，除去未破碎的细胞、细胞核和杂质等沉淀。

（4）取上清液于 17000g 离心 15min，沉淀为线粒体。用匀浆缓冲液将沉淀重悬，同样条件再离心一次，洗涤线粒体。

（5）根据后续工作的需要，将线粒体沉淀悬浮于适宜的缓冲液中。

3. 密度梯度离心法纯化线粒体

（1）小心地在离心管中铺设 30ml 非连续蔗糖梯度溶液：下层 15ml 1.5mol/L 蔗糖缓冲液，上层 15ml 1.0mol/L 蔗糖缓冲液。

（2）将 7ml 线粒体悬液小心地铺在离心管中蔗糖梯度溶液的最上层。60000g 离心 20min。线粒体会停留在两层蔗糖梯度溶液的交界处，形成一个薄层。

（3）移去样品层及其与 1mol/L 层的交界。

（4）用巴斯德吸管小心地吸出线粒体层。

（5）稀释带有线粒体的蔗糖溶液至 0.25mol/L。

（6）17000g 离心 15min，沉淀线粒体。用匀浆缓冲液重悬线粒体沉淀，17000g 离心 15min，洗涤线粒体。

（7）根据后续工作的需要，将线粒体沉淀悬浮于适宜的缓冲液中。

4. 线粒体的鉴定

取线粒体悬液，滴一滴于载玻片上，涂片；滴加 0.02％詹纳斯绿 B 染液，染色 20min，用水洗去非特异性附着的染料，镜检。

线粒体染成蓝绿色，呈棒状或颗粒状。

【注意事项】

1. 所有接触样品的试剂、仪器设备和器皿均需预冷，整个操作过程使样品保持在 0～4℃，以维持其生理活性。尤其是组织匀浆时，如果因摩擦使匀浆变热，需暂停匀浆过程，先用冰降温，然后再继续匀浆。

2. 保持细胞器悬液为稀释状态，可以减小因相互粘连而沉淀的可能性。

3. 悬浮线粒体沉淀时，常常有线粒体凝块出现，可以用 Dounce 匀浆器配备小研磨杵推磨几次，帮助线粒体分散和悬浮。

4. 密度梯度离心法纯化线粒体时，上样量不要超过介质梯度的容量。一般来说，一个介质梯度可以加载来自一只大鼠肝脏的线粒体。

5. 密度梯度离心法纯化线粒体时，线粒体沉淀前要将蔗糖溶液的浓度稀释到 0.25mol/L，稀释开始时要缓慢添加不含糖的缓冲液，以免线粒体因渗透压冲击而破裂；后面可以逐渐提高稀释速度。

【作业及思考题】

1. 如何用常规染色法检查制备所得的线粒体的相对纯度，如细胞核混杂程度？
2. 密度梯度离心法纯化线粒体，加样时应注意什么？

实验24

叶绿体的分离与观察

【实验目的】

1. 学习差速离心法分离植物叶片中的叶绿体。
2. 观察叶绿体以及气孔、表皮细胞、保卫细胞的形态，加深对植物组织形态的了解。

【实验原理】

1. 叶绿体的形态、结构与功能

叶绿体是植物体内含有绿色色素（主要为叶绿素 a 和 b）的质体，可以通过光合作用合成有机物。叶绿体存在于高等植物叶肉、幼茎的一些细胞内，藻类细胞中也含有。

叶绿体的形状、数目和大小随植物的不同而有变化。在高等植物中叶绿体像双凸或平凸透镜，长 $5\sim10\mu m$，短径 $2\sim4\mu m$。在藻类中叶绿体形状多样，有网状、带状、裂片状和星形等，而且体积巨大，可达 $100\mu m$。高等植物每个叶肉细胞含 $50\sim200$ 个叶绿体，可占细胞质的 40%。

叶绿体由叶绿体外被、类囊体和基质三部分组成。叶绿体外被包含两层光滑的单位膜，两层膜被一个电子密度低的较亮的空间隔开（图 3-4）。叶绿体基质是充满内膜与类囊体之间空间的液体，主要成分包括碳同化相关的酶类，如 1,5-二磷酸核酮糖羧化酶占基质可溶性蛋白质总量的 60%。此外，基质中还有叶绿体 DNA、各类 RNA、核糖体等蛋白质合成体系。类囊体是由膜围成的囊状结构，类囊体内是类囊体基质。部分类囊体片层互相堆叠在一起形成基粒；大的类囊体片层横贯在基质中，贯穿于两个或两个以上的基粒之间，这样的类囊体片层称为基质类囊体。

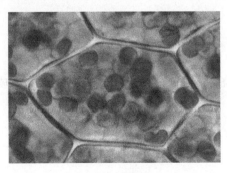

(a) 叶肉细胞

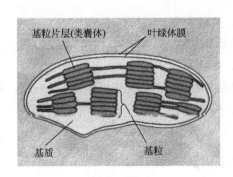

(b) 叶绿体超微结构

图 3-4　叶绿体

叶绿体的主要功能是进行光合作用。光合作用是叶绿素吸收光能，使之转变为化学能，同时利用二氧化碳和水制造有机物并释放氧的过程。一般分为光反应和暗反应两大阶段。光反应是叶绿素等色素分子吸收、传递光能，将光能转换为化学能，形成 ATP 和 NADPH 的过程。在此过程中水分子被分解，放出氧来。暗反应是利用光反应形成的 NADPH 和 ATP 提供能量，固定、还原 CO_2，制造葡萄糖等碳水化合物的过程。通过这一过程将 ATP 和 $NADPH_2$ 中的活跃化学能转换成贮存在碳水化合物中的稳定的化学能。

2. 叶绿体的分离

将植物组织匀浆后悬浮在等渗介质中进行差速离心，是分离细胞器的常用方法。一个颗粒在离心场中的沉降速率取决于颗粒的大小、形状和密度，也与离心力以及悬浮介质的黏度有关。依次增加离心力和离心时间，就能够使非均一悬浮液中的颗粒按其大小、密度先后分批沉降在离心管底部，分批收集即可获得各种亚细胞组分。

叶绿体的分离应在等渗溶液（0.35mol/L 氯化钠或 0.4mol/L 蔗糖溶液）中进行，以免渗透压的改变使叶绿体受到损伤。将匀浆液在 1000r/min 的条件下离心，以去除其中的组织残渣和一些未被破碎的完整细胞。然后在 3000r/min 的条件下离心 5min，即可获得叶绿体沉淀（混有部分细胞核）。分离过程最好在 0～4℃的条件下进行；如果在室温下，要迅速分离和观察。

要分离完整的叶绿体，需要解决以下几个问题：

第一，植物细胞外面有一层坚韧的细胞壁，细胞匀浆时要有足够的力量破坏细胞壁，才能达到好的匀浆效果，但破碎力量太大又容易破坏叶绿体的完整性。这可以通过一些办法部分得到解决，如先酶解细胞壁获得植物细胞的原生质体，再从中分离叶绿体；也可以选取叶绿体较小的材料来分离叶绿体，如菠菜和豌豆。

第二，叶绿体中积累的淀粉粒密度较大，在离心过程中会使叶绿体破裂。匀浆前对植物进行 24～48h 的暗处理，即可消除积累的淀粉粒。

第三，植物细胞有大的中央液泡，里面可能储存有一些有毒物质，如酚类化合物；组织匀浆时液泡破裂，有毒物质释放出来可能带来有害影响。这可以通过在匀浆缓冲液中添加可消除或减轻相应有毒物质影响的试剂来缓解。比如，积累酚类化合物的植物组织匀浆时，可以添加巯基化合物或 BSA（牛血清白蛋白）来降低其有害影响。

通过差速离心分离到的叶绿体组分，可以通过密度梯度离心进一步纯化。

【实验用品】

1. 实验材料

新鲜菠菜叶。

2. 实验器具

普通离心机，组织捣碎机，光学显微镜，烧杯，量筒，滴管，纱布，载玻片，盖玻片等。

3. 实验试剂

0.35mol/L NaCl 溶液。

【实验步骤】

1. 游离叶绿体的分离与观察

（1）选取新鲜的嫩菠菜叶，洗净擦干后去除叶梗及粗脉，称 20g 置于 100ml 的

0.35mol/L NaCl溶液中，装入组织捣碎机。

（2）利用组织捣碎机高速挡匀浆2～3min。

（3）将匀浆液用200目尼龙网或双层纱布过滤，收集于烧杯中。

（4）取滤液1.5ml在1000r/min下离心2min，弃去沉淀。

（5）将上清液在3000r/min下离心5min，弃去上清液，沉淀即为叶绿体（混有部分细胞核）。

（6）将沉淀用0.35mol/L NaCl溶液悬浮。

（7）滴一滴叶绿体悬液于载玻片上，加盖玻片后即可在普通光学显微镜下观察。在普通光镜下，可看到叶绿体为绿色橄榄形，在高倍镜下可看到叶绿体内部含有较深的绿色小颗粒，即基粒。

2. 组织细胞中叶绿体的观察

（1）取新鲜菠菜嫩叶适量，放入研钵中，加入少量的0.35mol/L NaCl溶液碾碎，用滴管吸取上层浸出液，镜下观察叶肉细胞结构中的叶绿体和保卫细胞等形态。

（2）用镊子撕取菠菜叶片上、下表皮，切成小片（0.1～0.2cm²），置于载玻片上，普通光学显微镜镜检，观察叶片表皮细胞、气孔、叶肉细胞及其中的叶绿体。

（3）观察结果：叶肉细胞呈长方形或类方形，内含大量绿色的叶绿体颗粒。表皮细胞呈鳞片状或不规则形状，呈无色，常与气孔连在一起。叶脉导管呈螺纹状。保卫细胞呈肾状，两个围成一个气孔；气孔有时呈纺锤形（半开放）、圆形（开放时），有时呈条形（闭合时）。

【注意事项】

1. 植物叶片匀浆后要悬浮在等渗介质中进行差速离心。

2. 叶绿体的分离最好在0～4℃的条件下进行，并且速度要快。

【作业及思考题】

1. 画叶肉细胞结构图（注明放大倍数）。

2. 分离细胞组分时，为什么要加入0.35mol/L氯化钠？

植物原生质体的分离与纯化

【实验目的】

1. 学习植物原生质体分离与纯化的基本原理及方法。
2. 学习原生质体活性鉴定的方法。

【实验原理】

1. 植物原生质体的研究历史

植物原生质体是指用特殊方法脱去细胞壁后的、有生活力的原生质团，包括细胞膜、细胞质和细胞核等。除了没有细胞壁外，原生质体具有活细胞的一切特征。

1880 年，Hanstein 首次命名了原生质体。1892 年，Klercker 利用机械法破碎细胞壁，首次成功分离获得植物原生质体。1960 年英国植物生理学家 Cocking 利用纤维素酶从番茄根细胞分离制备了大量的原生质体，使得以植物原生质体为材料的基础和应用研究成为可能。1971 年，Takebe 等人通过培养烟草叶片原生质体获得再生植株，证实了植物原生质体的全能性。1972 年美国科学家 Carlson 等通过原生质体融合，获得了粉蓝烟草（*Nicotiana glauca*）与朗氏烟草（*N. longsdorffii*）的种间杂种植株。1974 年，高国楠等开发出了 PEG（聚乙二醇）诱导体细胞融合的方法。1978 年，德国科学家 Melchers 等把马铃薯和番茄的原生质体进行融合，获得了体细胞杂种——马铃薯番茄，能够地上结番茄，同时地下长马铃薯。1981 年 Zimmermann 开发出电融合技术。

2. 植物原生质体的应用

由于植物原生质体无细胞壁的物理障碍，易于通过原生质体融合获得杂交细胞；而且植物原生质体具有全能性，用组织培养方法可进行大量繁殖并再生植株。这些有利的特征使得植物原生质体已成为植物研究领域应用极其广泛的重要材料。在基础研究领域，植物原生质体在细胞壁再生、质膜功能分析、病原体入侵、亚细胞结构分离等方面扮演着重要角色。在应用研究领域，原生质体易于摄取外源遗传物质，有利于进行遗传转化，通过组织培养可获得再生转基因植株。此外，通过原生质体融合，可以克服传统育种方法无法解决的生殖障碍，创造新的种质材料。在原生质体培养过程中能够产生体细胞无性系变异，或者在原生质体培养过程中诱导变异，从再生植株中筛选出具有优良性状的变异体，为植物育种提供新的材料，甚至直接获得新的优良品系。

3. 植物原生质体的分离制备

所有以原生质体为材料的研究的前提，是分离制备足够数量且具有较强生活力的原生质体。有活力和适于培养的原生质体的大量制备受到许多因素的影响，包括分离方法、材料来源及生理状态、酶液组成、原生质体收集方法等。一个实验体系所需的最适条件主要是靠经验确定的。

（1）分离方法　原生质体分离的关键是破坏细胞壁而不影响原生质体。破坏细胞壁的方法主要有两种——机械分离法和酶解分离法。

① 机械分离法（mechanical isolation）　早在 1892 年，Klercker 就是采用机械分离法首次分离到了原生质体。其做法是，将细胞放入高渗糖溶液中，使原生质体收缩成球形而发生质壁分离，然后切碎组织。在这个过程中，有些质壁分离的细胞只被切去了细胞壁，从而释放出完整的原生质体。机械分离法的主要缺点是产量低，而且使用有局限性，分生组织和其他液泡化程度不高的细胞，不能用此法分离原生质体。

② 酶解分离法（enzymatic isolation）　现行的植物原生质体分离，主要采取酶解分离法。其原理是基于植物细胞壁主要由纤维素、半纤维素和果胶质组成，因而使用纤维素酶、半纤维素酶和果胶酶能降解细胞壁成分，除去细胞壁，获得原生质体。

虽然 1960 年 Cocking 就开创了酶解法分离原生质体的先例，但直到 8 年后商品化的纤维素酶和离析酶投放市场，植物原生质体的分离制备及进一步的研究才变得简便易行。首先用商品酶进行原生质体分离的是 Takebe 等（1968），他们先用离析酶处理烟草叶片小块，使之释放出单个细胞，然后再用纤维素酶消化掉细胞壁，释放出原生质体。同年 Power 和 Cocking（1968）指出，这两种酶也可同时使用，并且由于减少了步骤，可以减少微生物污染的机会，所以现在大多使用这种同时处理法，或者叫"一步处理法"。

酶解分离法的优点是可获得大量的原生质体，几乎适用于所有植物的器官、组织和细胞。缺点是酶制剂由于含有核酸酶、蛋白酶、酚类等物质，影响原生质体的活力。

（2）材料来源　植物原生质体最普遍的来源是叶片，因为叶片中可以分离出大量比较均一的细胞，而又不使植物遭到致命的破坏；另外，叶肉细胞排列疏松，酶的作用很容易达到细胞壁。当用温室或人工气候室生长的植物叶片来分离原生质体时，植株的生长条件十分重要，一般来说，低光照强度（$1000\mu W/cm^2$）、短日照、充足的氮肥、适宜的温度（20～25℃）和相对湿度（60%～80%）对于成功分离原生质体是有利的。

根据研究目的不同，各种生活的植物组织细胞均可用来分离原生质体，其中像叶、根尖、下胚轴这样比较幼嫩的组织、器官，操作起来更容易一些。对于从叶肉细胞分离适于培养的原生质体困难的物种，如禾本科植物，可以用培养的细胞作为供体材料。

（3）前处理　如果分离制备的原生质体需要继续培养，则原生质体分离需要在无菌条件下进行。若有必要，需要对供体组织进行表面消毒。叶片表面消毒的常用方法是用 70% 乙醇漂洗，然后在超净工作台上晾干。禾谷类叶片消毒效果最好的方法是用苄烷铵（0.1%)-乙醇（10%）溶液漂洗 5min。

为使酶溶液更快地渗入叶片的细胞间隙中，最常用的方法是撕去叶片的下表皮，以无表皮的一面向下，使叶片漂浮在酶溶液中。如果叶片的下表皮很难撕掉，则可把叶片切成小块（约 1mm×1mm）放入酶溶液中，抽真空使酶溶液快速渗入细胞间隙；回复正常气压后，叶片小块下沉则说明渗透效果较好。代替撕表皮的另一种方法是用金刚砂摩擦、破坏叶的下表皮。

（4）酶处理　分离植物细胞原生质体所必需的两种酶是纤维素酶和果胶酶（离析酶），

分别降解细胞壁纤维素和中胶层。对于某些组织来说，除了纤维素酶和离析酶之外可能还需要其他的酶，如大麦的糊粉细胞，以纤维素酶处理之后，原生质体周围还留下一薄层细胞壁，只有用蜗牛酶（glusulase）处理才能把它们消化掉，释放出原生质体。

酶的活性与 pH 值和温度等因素有关。纤维素酶与果胶酶的最适 pH 值可能不同，所以混合酶溶液的最适 pH 值有时需要实验摸索。这些酶的最适温度一般在 $40\sim50℃$，但这个温度对于细胞来说太高了，分离原生质体时温度以 $25\sim30℃$ 为宜。酶的浓度和酶处理的持续时间须经实验摸索确定。每 1g 组织一般用 10ml 酶溶液可产生令人满意的结果。

粗制的商品酶含有核酸酶和蛋白酶等杂质，它们对原生质体的活力可能是有害的。不过在多数情况下，这些酶的粗制形式也能产生令人满意的结果。

（5）渗压剂　离体原生质体容易因渗透压冲击而破坏，因而在酶溶液、原生质体清洗介质和原生质体培养基中必须加入适当的渗透压稳定剂。在具有合适渗透压的溶液中，新分离出来的原生质体都是球形的。原生质体在轻微高渗溶液中比在等渗溶液中更为稳定。较高水平的渗透剂可以阻止原生质体的破裂和出芽，但与此同时也可能会抑制原生质体的分裂。

山梨醇和甘露醇是两种广泛应用的渗压剂，适宜的浓度范围是 $450\sim800mmol/L$。其他一些可溶性糖类有时具有同样的效果，如葡萄糖、果糖、半乳糖等。使用非电解质渗压剂时，酶溶液中常需补加某些盐类，尤其是氯化钙，以便提高质膜的稳定性。使用电解质渗压剂有时能够提高原生质体制品的纯度和活力。然而，若以盐类调节培养基的渗透压则是有害的。

（6）原生质体的分离纯化　供体材料经酶溶液消化后，小心地振动容器，或搅动酶液，或轻轻地压挤叶块，使原生质体释放出来。此时酶解混合物中除了完整的原生质体之外，还含有未被酶解的大块组织和一些亚细胞碎屑。其中较大的杂质可以过筛（$200\sim300$ 目滤网）除去，低速离心收集原生质体沉淀，最后密度梯度离心（如蔗糖漂浮法、界面法）纯化。

蔗糖漂浮法是利用密度大于原生质体的高渗蔗糖溶液，离心后使原生质体漂浮其上，残渣碎屑沉到管底，用移液管小心地将原生质体吸出。

界面法的原理是，采用两种密度不同的溶液，离心后使完整的原生质体处在两液相的界面。一个成熟的梯度是：下层是溶于培养基中的 500mmol/L 蔗糖，上层是溶于培养基中的 140mmol/L 蔗糖和 360mmol/L 山梨醇，将原生质体悬液铺在梯度的最上面。400g 离心 5min 后，原生质体停留在两层梯度的界面处，而碎屑沉到管底。

（7）原生质体活力的测定　对于新分离出来的原生质体的活力有几种不同的测定方法：

① 酚藏花红染色法（phenosafranine）：使用酚藏花红时的终浓度为 0.01%，它只能使无生命力的原生质体被染成红色，活的原生质体不能染色。

② 荧光素双醋酸酯（FDA）染色法：FDA 一旦进入原生质体后，由于受到脂酶分解而产生有荧光的极性物质，因此有活力的、完整的原生质体便产生黄绿色荧光，而无活力的原生质体不能分解 FDA，因此无荧光产生。

③ 以氧的摄入量做指标，摄入量可通过一个能指示呼吸代谢强度的氧电极进行测定。

④ 伊凡蓝染色法：完整的质膜排斥伊凡蓝，因此有活力的原生质体不着色，质膜破坏严重的被染为蓝色。

⑤ 以胞质环流作为进行活跃代谢的指标，但对在细胞周缘携有大量叶绿体的叶肉细胞原生质体来说，这种方法的作用不大。

原生质体分离纯化后，在适当的培养基上培养，能够再生细胞壁，启动细胞持续分裂，直至形成细胞团，长成愈伤组织或胚状体，最后分化发育成完整的植株。

【实验用品】

1. 实验材料
菠菜叶片。

2. 实验器具
台式离心机，高压灭菌锅，倒置显微镜，超净工作台，荧光显微镜（选择 FDA 染色法检测原生质体活力时需要），三角瓶，离心管，烧杯，200 目滤网，解剖刀，长、短镊子，培养皿，滤纸，天平。

3. 实验试剂
（1）酶解液（pH5.6）

纤维素酶（cellulase）	10g/L
果胶酶（pectinase）	5g/L
甘露醇	0.6mol/L
氯化钙	8mmol/L
NaH_2PO_4	7mmol/L
MES（吗啡啉乙烷磺酸钠）	3mmol/L

（2）洗涤液（pH5.6）

甘露醇	0.6mol/L
氯化钙	8mmol/L
NaH_2PO_4	7mmol/L

（3）20%蔗糖溶液。

（4）0.1%FDA 溶液。

（5）0.1%酚藏花红溶液。

注：试剂（4）和（5），二选一即可，选（4）需要荧光显微镜，选（5）则不需要。

【实验步骤】

1. 取菠菜幼嫩的叶片，蒸馏水洗净，滤纸吸干表面水分。

2. 用镊子剥去叶片下表皮，或将叶片切成细丝，置于酶解液中，在摇床上（60～70r/min），25～28℃，黑暗条件下，酶解 5～7h。

3. 用 200 目滤网过滤，除去未完全消化的残渣。取滤液 1 滴，镜检，观察叶肉细胞原生质体形态及纯度。

4. 滤液在 75～100g 条件下离心 2～3min，原生质体沉于离心管底部，残渣碎屑悬浮于上清液中。

5. 弃去上清液，加入 1ml 洗涤液（pH5.6），把沉淀轻柔重新悬浮，在 50g 下离心 3～5min。然后弃上清液，沉淀再悬浮、离心，如此反复 2～3 次。

6. 将沉淀（含原生质体）重悬于洗涤液中，镜检，观察原生质体形态及纯度。若碎片较多，则利用蔗糖溶液漂浮法纯化（步骤 7～9）。

7. 用带有长针头的注射器向离心管底部缓缓注入 20％的蔗糖溶液 1ml。离心管下部是蔗糖溶液，上部是原生质体悬浮液，由于密度不同，二者之间有一个明显的界面。

8. 以 100g 离心 10min，在两液相之间界面处出现一条绿色带，便是纯净的原生质体。死细胞及碎片沉降到离心管底部。

9. 用注射器小心吸出离心管底部的杂质、下部蔗糖溶液和上部的洗涤液。

10. 加入 1ml 洗涤液，将原生质体悬浮，50g 离心 5min，弃上清液。沉淀重悬于 1ml 洗涤液中。

11. 取 1 滴原生质体悬液于载玻片上，盖上盖玻片，镜检。观察原生质体形态，检测其纯度。

12. 取原生质体悬液 0.5ml 置于试管中，加 FDA 溶液使其终浓度为 0.01％，混匀置于室温条件下 5min 后，用荧光显微镜观察。有活力的原生质体发黄绿色荧光。

另：也可采用酚藏花红染色法测定原生质体活力。酚藏花红的终浓度为 0.01％。无活力的原生质体被染成红色，有活力的原生质体不能染色。

【注意事项】

1. 离心沉降原生质体时，转速不可过高，否则可能导致原生质体破裂。

2. 凡是有活力的原生质体均呈现圆球形，凡是扁形或者不规则的，往往是死亡的。可以通过 0.1％酚藏花红染色或 FDA 染色来进一步确定。

3. FDA 法测定原生质体活力时，产生荧光的原生质体为有活力的，不产生荧光的为无活力的。但是由于叶绿素的原因，叶肉细胞的原生质体，有活力的发黄绿色荧光，无活力的则发红色荧光。

4. 由于实验中所用材料主要是叶肉细胞，因此大部分原生质体均富含叶绿体，只有个别原生质体可能是表皮细胞或保卫细胞形成，因此是无色的看不到叶绿体。原生质体的大小差异源于植物体细胞的大小不同。

【作业及思考题】

1. 显微镜下进行观察并绘叶肉细胞原生质体结构图。

2. 分析制备的原生质体的数量、纯度及活力如何。

实验 26

粗微粒体的分离

【实验目的】

学习粗微粒体的分离与纯度检测方法。

【实验原理】

内质网由 K. R. Porter 等于 1945 年发现，他们在观察培养的小鼠成纤维细胞时，发现细胞质内部具有网状结构，建议叫做内质网（endoplasmic reticulum，ER）。内质网是细胞质内由膜组成的一系列片状的囊腔和管状的腔，彼此相通形成一个隔离于细胞质基质的管道系统。依据内质网膜外表面是否有核糖体附着，可分为粗面内质网（rough endoplasmic reticulum，RER）和滑面内质网（smooth endoplasmic reticulum，SER）两大部分，实际上它们是一个连续的膜囊和膜管网。内质网联系了细胞核和细胞质、细胞膜这几大细胞结构，使之成为通过膜连接的整体。

内质网是细胞内除核酸以外的一系列重要的生物大分子，如蛋白质、脂类（如甘油三酯）和糖类合成的基地。滑面内质网还具有解毒功能，如肝细胞中的滑面内质网中含有一些酶，用以清除脂溶性的废物和代谢产生的有害物质。

微粒体（microsome）是细胞被匀浆破碎时，内膜系统的膜结构破裂后自己重新封闭起来的小囊泡，直径大约 100nm，是异质性的集合体（主要来自内质网）。用机械匀浆器将细胞破碎，各种较大的膜细胞器（如内质网和高尔基体）破碎，并且重新自我融合形成各种球形膜泡。通过差速离心除去细胞核、线粒体等细胞器，后线粒体上清液（postmitochondrial supernatant，PMS）继续用超速离心沉淀得到的膜性小泡被称为微粒体。如果后线粒体上清液用较低速度离心，然后用电子显微镜检查离心后分开的两部分结构，发现上层的微粒体囊泡表面是光滑的，称为光滑微粒体（smooth microsome，SM）；沉淀下层的微粒体表面粗糙，有核糖体颗粒，称为粗微粒体（rough microsome，RM）。光滑微粒体的组成比较复杂，可能包含来自滑面内质网、高尔基体、细胞膜破碎重组的小泡，也可能包含细胞匀浆过程中破碎不了的小泡，如胞内体、初级溶酶体和分泌小泡等。粗微粒体则是来自粗面内质网破碎重组的膜泡。在体外实验中，微粒体具有蛋白质合成、蛋白质糖基化和脂类合成等内质网的基本功能。

粗微粒体在蔗糖溶液中的浮力密度约为 1.20，与其他大多数细胞器不同；而且它们的直径比浮力密度相似的线粒体小。所以，制备粗微粒体时，一般先通过差速离心法从匀浆物中去除线粒体与细胞核，然后通过密度梯度离心从后线粒体上清液中分离微粒体。密度梯度离心常用的介质是非连续蔗糖密度梯度，蔗糖密度截止值和离心条件主要由要求的粗微粒体的纯度和溶液的离子组成决定：光滑微粒体部分为 1.25～1.3mol/L 蔗糖，轻粗微粒体部分为 1.5mol/L 蔗糖，重粗微粒体部分为 1.8～2.0mol/L 蔗糖。

分离粗微粒体须评价其纯度和完整性。作为一种生化评价方法，可以用化学分析方法确定其 RNA 与蛋白质的比值，或者简单地在 0.1% SDS 溶液中测定 260nm 和 280nm 的吸收值，然后计算其吸收比，大多数情况下比值为 1.5～1.8。狗胰脏粗微粒体较特殊，大约为 1.9。为了确定纯度，也要检测其他细胞器的标志酶。但是，对于粗微粒体，尚未发现可方便检测使用的标志酶。如果有相应的抗体，粗微粒体蛋白可以通过 Western blotting 来检测。微粒体的标志酶不能区别粗微粒体和光滑微粒体，因此，电子显微镜的形态学检测对于评价粗微粒体的纯度是很重要的。另外，粗微粒体的纯度可以用蔗糖密度梯度离心的方法来确定。关于粗微粒体功能的完整性可以通过检测其体外翻译和转运效率来提供指示。

【实验用品】

1. 实验材料
培养的哺乳动物细胞。

2. 实验器具
高速冷冻离心机，小烧杯，冰浴，漏斗，Dounce 匀浆器，瓷研钵，显微镜，天平，载玻片，盖玻片，微量离心管，培养皿，玻璃吸管，试管。

3. 实验试剂
(1) 0.1mol/L 环己酰亚胺。

(2) 匀浆缓冲液（HM）

HEPES（4-羟乙基哌嗪乙磺酸)-KOH 缓冲液（pH7.5)	10mmol/L
KCl	10mmol/L
MgCl$_2$	1mmol/L
DTT（二硫苏糖醇）	1mmol/L
PMSF（苯甲基磺酰氟）	0.5mmol/L

(3) PBS（配方见附录）。

(4) 蔗糖。

(5) RNase 抑制剂（RNase-IN）。

(6) 高盐缓冲液（high salt buffer，HSB）

Tris-HCl	50mmol/L，pH7.5
KCl	500mmol/L
MgCl$_2$	5mmol/L

(7) 嘌呤霉素。

【实验步骤】

1. 预处理
培养基中加入环己酰亚胺至终浓度约 10μmol/L，37℃保温 5～10min。

2. 洗涤细胞

培养皿从 37℃ 转移到冷室（4℃），立即去掉培养基，用含有 10μmol/L 环已酰亚胺的预冷 PBS 洗涤细胞 3 次。将培养皿口朝下倒立晾干，用纸巾擦掉侧壁上残留的 PBS。

3. 收获细胞

加入 0.5～0.7ml 含有 2～4U/ml RNase-IN 的匀浆缓冲液（HM），使 HM 覆盖培养皿的底面。用 HM 湿润过的橡皮淀帚，将细胞从培养皿的一边刮到另一边，直至所有细胞被刮起。细胞刮走后培养皿的表面将变得光滑。用新鲜 HM 润湿玻璃吸管内壁，将细胞悬浮液转移到 Dounce 匀浆器中。

加 0.5～0.7ml 新鲜 HM 到细胞已被刮去的培养皿中，用橡皮淀帚刮洗培养皿底部，将洗涤液转移至一个尚未收获细胞的培养皿中，用同样的方法刮取细胞，并将细胞悬浮液转移至同一 Dounce 匀浆器中。

4. 匀浆细胞

在收集 2～3 个培养皿的细胞悬浮液之后，用与 Dounce 匀浆器紧密配套的研磨杵上下杵击 15～20 次，使细胞破碎。之后，立即将匀浆物转移到一个试管中，加入 2.5mol/L 蔗糖溶液（体积约为匀浆物的十分之一），使匀浆物调整为等渗状态（约 0.25mol/L 蔗糖）。

5. 沉淀细胞核和线粒体

700g 离心 3min；然后提高转速，7000g 再离心 10min，收集上清液（后线粒体上清液）。

6. 粗微粒体分离

将 PMS 转移至一个量筒中，加 2.2 倍体积的 2.5mol/L 蔗糖溶液，得到终浓度为 1.8mol/L 的蔗糖-PMS 混合液。

在吊桶式转子离心管中铺设以下分级梯度（从下到上）：

5ml 蔗糖-PMS 混合物

1.5ml 含 2～4U/ml RNase-IN 的 1.5mol/L 蔗糖-HM

1.5ml 含 2～4U/ml RNase-IN 的 1.3mol/L 蔗糖-HM

1.5ml 1.0mol/L 的蔗糖-HM

1.5ml 0.6mol/L 的蔗糖-HM

1ml 0.25mol/L 的蔗糖-HM

在吊桶式转子中以 200000g 离心至少 5h（4℃）。收集在 1.5mol/L 和 1.8mol/L 蔗糖层交界面沉积的物质，这被认为是重粗微粒体部分。

7. 浓缩粗微粒体

根据实验的目的不同，应采用不同的方法浓缩粗微粒体。下面描述的方法可以得到粗微粒体沉淀：用 HM 将样品稀释 5 倍，使用吊桶式转子，以 160000g 离心 60～80min，沉淀即为浓缩粗微粒体，粗微粒体以沉淀的形式或悬浮于含有蔗糖的缓冲液中保存于 -70℃。

8. 粗微粒体纯度检测

（1）准备两份高盐缓冲液（HSB），其中 1 份加入蛋白质合成抑制剂嘌呤霉素（0.5～1mol/L）。

（2）将粗微粒体组分分别加入上述两份 HSB 中，室温处理 10min。

（3）将两份粗微粒体-HSB 分别铺设到 7.5％～22.5％蔗糖-HSB 连续密度梯度上，该密度梯度下依次有 1.25mol/L 和 1.8mol/L 的蔗糖溶液各 1ml。

（4）使用吊桶式转子，20℃，200000g 离心 3h。检测膜组分及核糖体在密度梯度介质中的分布。

如果粗微粒体是纯的，未经嘌呤霉素处理时，所有膜组分都沉积在 1.25mol/L 和 1.8mol/L 的蔗糖溶液交界界面；经嘌呤霉素处理后，所有膜组分沉积在 1.25mol/L 蔗糖溶液和上方蔗糖连续密度梯度之间的界面，而膜结合核糖体被释放到连续梯度区域。

【注意事项】

1. 如果转移收获的细胞悬浮液到匀浆器中使用的玻璃吸管内壁未提前润湿，容易导致细胞块黏附在吸管内壁，难以回收。

2. 细胞匀浆后需要检查细胞破碎的程度。细胞悬液呈颗粒状，而匀浆物呈乳白状；细胞破碎后匀浆物在匀浆过程中会起泡；也可以通过显微镜检查细胞的破碎程度。如果在15～20 次杆击后细胞没有破碎，继续杆击通常没有太大的帮助，这时需要更换匀浆器或改变匀浆的方法。

3. 通过低速离心沉淀细胞核和线粒体时，两步离心（先 700g 后 7000g）与一步离心（7000g）相比，可以减少微粒体与细胞核、线粒体的共沉淀。

4. 许多培养的细胞分离的微粒体可以用 NADPH 细胞色素 c 还原酶作为标志酶，但不能区分粗微粒体和光滑微粒体。

【作业及思考题】

1. 环己酰亚胺在细胞收集、洗涤中的作用是什么？
2. 如何鉴定分离得到的粗微粒体？

实验 27

过氧化物酶体的分离

【实验目的】

1. 学习从动物组织中分离过氧化物酶体的原理与方法。
2. 了解速度沉降法分离过氧化物酶体的原理及注意事项。

【实验原理】

1. 过氧化物酶体的形态结构

过氧化物酶体（peroxisome）由 J. Rhodin（1954 年）首次在鼠肾小管上皮细胞中发现，当时由于不知道这种细胞器的功能，将它称为微体（microbody）。过氧化物酶体普遍存在于各类真核细胞中，直径约 $0.1 \sim 1.0 \mu m$，呈圆形、椭圆形或哑铃形不等，由单层膜围绕而成。在哺乳动物中，肝细胞和肾细胞中的过氧化物酶体（$0.4 \sim 1 \mu m$）比其他组织中的过氧化物酶体（$0.1 \sim 0.5 \mu m$）要大一些。

过氧化物酶体是一种具有异质性的细胞器，在不同生物及不同发育阶段有所不同。它们的共同特点是内含过氧化氢酶（标志酶）和至少一种依赖黄素的氧化酶。目前，已在过氧化物酶体中发现 40 多种氧化酶，它们可作用于不同的底物，在氧化底物的同时，将氧还原成过氧化氢；过氧化氢由过氧化氢酶催化分解。在有些物种的过氧化物酶体中尿酸氧化酶（urate oxidase）的含量极高，以至于形成酶结晶构成的致密核心。

2. 过氧化物酶体的发生

过氧化物酶体的发生与线粒体或叶绿体类似，但在过氧化物酶体中不含 DNA，其组成蛋白质都在细胞核中编码，在细胞质基质中产生，再通过信号分选进入过氧化物酶体。已知的发生有两种途径：一是成熟的过氧化物酶体经分裂增殖产生子代细胞器，分裂过程依赖于 Pex11 蛋白（Pex：过氧化物酶体蛋白 peroxin）；另一种是细胞内的重新发生，这个过程包括如下两个阶段的装配。

（1）过氧化物酶体的装配起始于细胞的内质网，也就是由内质网出芽生成前体膜泡，然后 些过氧化物酶体的膜蛋白掺入，形成过氧化物酶体雏形。其中 Pex19 蛋白作为过氧化物酶体膜蛋白靶向序列的胞质受体而发挥作用，和膜蛋白结合并将其引导到膜上；而 Pex3 和 Pex16 辅助过氧化物酶体膜蛋白正确插入形成新的前体膜泡。在所有过氧化物酶体膜蛋白都插入后，形成过氧化物酶体雏形。

（2）具有 PTS1 和 PTS2 分选信号的基质蛋白，它们分别以 Pex5 和 Pex7 蛋白作为胞质受体，各自与其结合后再与膜受体 Pex14 结合，在蛋白质复合物 Pex10、Pex12 和 Pex2 的介导下完成基质蛋白的输入，形成成熟的过氧化物酶体。

3. 过氧化物酶体的功能

（1）使毒性物质失活　这种作用是过氧化氢酶利用过氧化氢氧化各种底物，如酚、甲酸、甲醛和乙醇等，氧化的结果使这些有毒性的物质变成无毒性的物质，同时也使过氧化氢进一步转变成无毒的水和氧气。这种解毒作用对于肝、肾特别重要，例如人们饮入的乙醇几乎有一半是以这种方式被氧化成乙醛的，从而解除了乙醇对细胞的毒性作用。

（2）对氧浓度的调节作用　过氧化物酶体与线粒体对氧的敏感性是不一样的，线粒体氧化所需的最佳氧浓度为 2% 左右，增加氧浓度，并不提高线粒体的氧化能力。过氧化物酶体的氧化率随氧张力增强而成正比地提高。因此，在低浓度氧的条件下，线粒体利用氧的能力比过氧化物酶体强；但在高浓度氧的情况下，过氧化物酶体的氧化反应占主导地位，这种特性使过氧化物酶体具有使细胞免受高浓度氧的毒性作用。

（3）脂肪酸的氧化　动物组织中大约有 25%～50% 的脂肪酸是在过氧化物酶体中氧化的，其他则是在线粒体中氧化的。另外，由于过氧化物酶体中有与磷脂合成相关的酶，所以过氧化物酶体也参与磷脂的合成。

（4）含氮物质的代谢　在大多数动物细胞中，尿酸氧化酶对于尿酸的氧化是必需的。尿酸是核苷酸和某些蛋白质降解代谢的产物，尿酸氧化酶可将这种代谢废物进一步氧化去除。另外，过氧化物酶体还参与其他的氮代谢，如转氨酶（aminotransferase）催化氨基的转移。

（5）在植物中过氧化物酶体主要功能

① 参与光呼吸作用，将光合作用的副产物乙醇酸氧化为乙醛酸和过氧化氢。

② 在萌发的种子中，进行脂肪酸的 β-氧化，产生乙酰辅酶 A，经乙醛酸循环，由异柠檬酸裂解为乙醛酸和琥珀酸，后者离开过氧化物酶体进一步转变成葡萄糖，因此植物细胞的过氧化物酶体又称乙醛酸循环体（glyoxysome）。

过氧化物酶体功能异常，能够导致多种疾病的发生。近年来，越来越多的过氧化物酶体病被发现，如各型肾上腺脑白质营养不良、脑肝肾综合征等。脑肝肾综合征是一类与过氧化物酶体有关的遗传病，患者细胞的过氧化物酶体中，酶蛋白输入有关的蛋白质变异，过氧化物酶体是"空的"，脑、肝、肾异常，出生 3～6 个月后死亡。

4. 过氧化物酶体的分离纯化

从哺乳动物组织匀浆中分离纯化过氧化物酶体，一般需要先通过差速离心得到轻线粒体组分，然后经密度梯度离心分离过氧化物酶体。密度梯度离心的介质常采用碘化非电解质，如 Accudenz（碘海醇）、metrizamide（甲泛葡胺）、iodixanol（碘克沙醇）等。在这些介质中，过氧化物酶体的表观密度比大多数其他细胞器要高，在离心场中沉降速度更快，所以分离所得产物中的污染少。密度梯度离心分离过氧化物酶体时可以采用速度沉降，或者是等密度沉降。本实验中采用的是速度沉降，所以离心时间和离心力对于分离的成功很重要。用这种方法分离的过氧化物酶体中不含完整的线粒体或溶酶体，但可能含有少量的微粒体（内质网膜泡）。

【实验用品】

1. 实验材料
大鼠。

2. 实验器具

高速冷冻离心机（或低速冷冻离心机），固定角转子（或垂直型转子），Potter-Elvehjem 匀浆器，天平，解剖刀，解剖剪，聚碳酸酯离心管，培养皿，试管，小烧杯，滴管。

3. 实验试剂

（1）PMSF（苯甲基磺酰氟）母液（室温储存）

PMSF　　　　9mg/ml 异丙醇

（2）亮抑酶肽母液（−20℃储存）

亮抑蛋白酶肽半硫酸盐　　　1mg/ml H_2O

（3）匀浆缓冲液（HB）

蔗糖	0.25mol/L
乙醇	0.1%
TES	10mmol/L，pH7.5
Na_4EDTA	1mmol/L
PMSF	36mg/L（使用前添加）
亮抑酶肽	0.46mg/L（使用前添加）

配制方法：溶解 85.58g 蔗糖于 600～700ml 水中，加入 1ml 乙醇、100ml 0.1mol/L TES 缓冲液，以及 10ml 0.1mol/L EDTA，调至 pH7.5，加水至总体积 1L，0～4℃保存。使用前向每升溶液中加入 4ml PMSF 母液和 0.46ml 亮抑酶肽母液。

（4）30% 的 Accudenz 溶液（pH7.5）

Accudenz	30%
TES 缓冲液	10mmol/L
EDTA	1mmol/L

【实验步骤】

1. 实验前大鼠禁食过夜，颈椎脱臼法处死，迅速剖腹取肝，称重。

2. 将肝脏剪/切成碎块，转移到一支预冷的 Potter-Elvehjem 匀浆器管中，加入 3 倍体积（按肝组织密度 1g/cm³ 估计肝组织体积）的冷的匀浆缓冲液（HB）。用一个电动机驱动（500r/min）的聚四氟乙烯研杵往复捣碎 5～6 次，使肝组织匀浆化。

3. 将肝组织匀浆液以 1000g 离心 10min（4℃），轻轻倒出上清液（S1）并保存。

4. 用 3 倍体积的匀浆缓冲液将沉淀重悬，用匀浆器辅助分散悬浮。悬浮液于 600g 离心 10min。将上清液与第一次离心的上清液（S1）合并。

5. 重复步骤 4 一次。

6. 合并的上清液中加入 2ml PMSF 母液，弃去沉淀（粗的细胞核组分）。

7. 将合并后的上清液于 3500g 离心 10min，轻轻倒出上清液（S2）并保留。将沉淀重悬于大约相当于 1 倍肝组织体积的匀浆缓冲液（HB）中，然后用 Potter-Elvehjem 匀浆器进行分散悬浮处理。

8. 将悬浮液于 3500g 离心 10min。

9. 将上清液与前面的 S2 合并，加入 2ml PMSF 母液，弃去沉淀（粗制线粒体部分）。

10. 将合并的上清液以 25000g 离心 10min。

11. 弃去上清液，并尽可能除去沉淀上层松软的粉红色部分，同时又不影响下层比较结实的沉淀。用相当于上述合并的上清液体积三分之一的匀浆缓冲液重悬沉淀（轻线粒体组分）。

12. 将轻线粒体组分悬液于 25000g 再离心 10min，弃去上清液。

13. 轻轻地将沉淀（轻线粒体组分）重悬于与起始肝组织体积相等的匀浆缓冲液中。

14. 在 40ml 超速离心管（聚碳酸酯离心管）中加入 10ml 30％的 Accudenz 溶液，然后轻轻地将 2ml 轻线粒体组分悬液铺在 Accudenz 溶液上，以 45000g 离心 15min。

15. 吸出界面物质，接着吸出上清液。将沉淀重悬于相当于 1/4 肝组织体积的 Accudenz 溶液中（或者悬于匀浆缓冲液中），即最终的过氧化物酶体制备物。

【注意事项】

1. 所有溶液、设备和器具都应预冷至 0～4℃；细胞匀浆液和亚细胞组分应始终保持在 0～4℃，以保持细胞器的完整，并减少内源性蛋白酶的降解。

2. 手持 Potter-Elvehjem 匀浆器的玻璃管时应戴隔热手套，一方面防止手的热量传给匀浆器的管，另一方面防止匀浆过程中玻璃管破裂可能带来的伤害。

3. 肝脏的过氧化物酶体非常脆弱，在分离过程中应避免剧烈的匀浆或强烈的渗透压冲击，减少过氧化物酶体的破裂。

4. 速度沉降法分离纯化过氧化物酶体时，若无高速冷冻离心机，也可以在低速冷冻离心机上，以 25000g 离心 20min。

5. 最后的过氧化物酶体制备物若保存在高渗的 Accudenz 溶液中，可以通过在 4℃对等渗的蔗糖缓冲液多次透析除去 Accudenz。等渗蔗糖缓冲液的成分为：0.25mol/L 蔗糖，10mmol/L Tris-HCl（pH7.5），1mmol/L EDTA。

【作业及思考题】

1. 如果对轻线粒体组分悬液采用等密度沉降法分离纯化过氧化物酶体，应如何设置密度梯度？

2. 如何检测分离得到的过氧化物酶体产物中微粒体（内质网膜泡）的污染程度？

实验 28

高尔基体的分离与鉴定

【实验目的】

1. 学习从动物、植物组织中分离高尔基体的方法。
2. 学习高尔基体鉴定的方法。

【实验原理】

高尔基体（Golgi apparatus，Golgi complex）亦称高尔基复合体、高尔基器，1898 年由意大利神经学家、组织学家卡米洛·高尔基（Camillo Golgi，1844—1926）通过光学显微镜在银盐浸染的猫头鹰神经细胞内所发现，因此定名为高尔基体。因为这种细胞器的折射率与细胞质基质很相近，所以在活细胞中不易看到。高尔基体从发现至今已有 100 多年的历史，其中很长一段时间都在进行关于高尔基体的形态以及它是否真实存在的争论，有很多人认为高尔基体是由固定和染色而产生的人工假象。直到 20 世纪 50 年代应用电子显微镜才清晰地看出它的亚显微结构。它不仅存在于动植物细胞中，而且也存在于原生动物和真菌细胞内。

1. 高尔基体的形态、结构与成分

高尔基体是真核细胞中内膜系统的一部分，是高度有极性的细胞器，常分布于内质网与细胞膜之间，由垛叠在一起的 4～8 个扁平膜囊（某些藻类可达十几个）及周围的囊泡组成。扁平膜囊为圆形，直径约 $1\mu m$，边缘膨大呈泡状且具穿孔。扁平膜囊常一面凹、一面凸，凸出的一面对着内质网称为形成面（forming face）或顺面（cis face）；凹的一面对着质膜称为成熟面（mature face）或反面（trans face）。顺面和反面都有一些或大或小的运输小泡。一般认为高尔基体顺面膜囊周围的小膜泡是由临近高尔基体的内质网以出芽方式形成的，起着从内质网到高尔基体运输物质的作用。粗面内质网腔中的蛋白质，经芽生的小泡输送到高尔基体，再从形成面到成熟面的过程中逐步加工。扁平膜囊周围较大的膜泡是由扁平膜囊末端或分泌面局部膨胀，然后断离所形成。由于这种膜泡内含扁平膜囊的分泌物，所以也称分泌泡。分泌泡逐渐移向细胞表面，与细胞的质膜融合，而后破裂，内含物随之排出。

高尔基体膜含有大约 60% 的蛋白质和 40% 的脂类，具有一些和内质网共同的蛋白质成分。膜脂中磷脂酰胆碱的含量介于内质网和质膜之间，中性脂类主要包括胆固醇和甘油三酯。高尔基体中的酶主要有糖基转移酶、磺基-糖基转移酶、氧化还原酶、磷酸酶、蛋白激酶、甘露糖苷酶、转移酶和磷脂酶等不同的类型。

2. 高尔基体的功能

高尔基体的主要功能是将内质网合成的蛋白质进行加工、分拣与运输，然后分门别类地

送到细胞特定的部位或分泌到细胞外。顺面膜囊（cis Golgi）接受来自内质网新合成的物质并将其分类后大部分转入高尔基体中间膜囊，小部分蛋白质与脂质再返回内质网（驻留在内质网）。另外，一些蛋白质的修饰，如跨膜蛋白的酰基化等也是在顺面膜囊完成的。多数糖基化修饰、糖脂的形成、多糖的形成是在中间膜囊（medial Golgi）完成的；中间膜囊有很大的膜表面，增大了合成与修饰的有效面积。反面膜囊（trans Golgi）pH 比其他部位低，其主要功能包括蛋白质的分类包装以及输出，"晚期"蛋白质修饰，并保证蛋白质与脂质的单向转运。现将高尔基体的具体功能分述如下：

（1）蛋白质糖基化　　N-连接的糖链合成起始于内质网，完成于高尔基体。在内质网形成的糖蛋白具有相似的糖链，由顺面进入高尔基体后，在各膜囊之间的转运过程中，发生了一系列有序的加工和修饰，原来糖链中的大部分甘露糖被切除，但又被多种糖基转移酶依次加上了不同类型的糖分子，形成了结构各异的寡糖链。糖蛋白的空间结构决定了它可以和哪一种糖基转移酶结合，发生特定的糖基化修饰。

许多糖蛋白同时具有 N-连接的糖链和 O-连接的糖链。O-连接的糖基化只在高尔基体中进行，通常的一个连接上去的糖单元是 N-乙酰半乳糖，连接的部位为 Ser、Thr 和 Hyp 的羟基，然后逐次将糖基转移上去形成寡糖链，糖的供体同样为核苷糖，如 UDP-半乳糖。糖基化的结果使不同的蛋白质打上不同的标记，改变多肽的构象和增加蛋白质的稳定性。

在高尔基体上还可以将一至多个氨基聚糖链通过木糖安装在核心蛋白的丝氨酸残基上，形成蛋白聚糖。这类蛋白质有些被分泌到细胞外形成细胞外基质或黏液层，有些锚定在膜上。

（2）参与细胞分泌活动　　高尔基体对蛋白质的分类，依据的是蛋白质上的信号肽或信号斑。

根据早期光镜的观察，已有人提出高尔基体与细胞的分泌活动有关。随着现代科学的发展，运用电镜、细胞化学及放射自显影技术更进一步证实和发展了这个观点。高尔基体在分泌活动中所起的作用，主要是将粗面内质网运来的蛋白质进行加工（如浓缩或离析）、储存和运输，最后形成分泌泡。

当形成的分泌泡自高尔基体囊泡上断离时，分泌泡膜上带有高尔基体囊膜所含有的酶，还能不断起作用，促使分泌颗粒不断浓缩、成熟，最后排出细胞外。最典型的，如胰外分泌细胞中所形成的酶原颗粒。

放射自显影技术证明，高尔基体自身还能合成某些物质，如多糖类。它还能使蛋白质与糖或脂结合成糖蛋白或脂蛋白的形式。在某些细胞（如肝细胞），高尔基体还与脂蛋白的合成、分泌有关。

（3）膜的转化　　高尔基体的膜无论是厚度还是在化学组成上都处于内质网和质膜之间，在内质网上合成的新膜转移至高尔基体后，经过修饰和加工，形成运输泡与质膜融合，使新形成的膜整合到质膜上。

（4）将蛋白质水解为活性物质　　如将蛋白质 N 端或 C 端切除，成为有活性的物质（胰岛素 C 端），或将含有多个相同氨基酸序列的前体水解为有活性的多肽，如神经肽。

（5）参与形成溶酶体　　一般认为初级溶酶体主要来自高尔基体形成的囊泡。内质网上核糖体合成溶酶体蛋白，进入内质网腔进行 N-连接的糖基化修饰，然后进入高尔基体顺面膜囊，由 N-乙酰葡糖胺磷酸转移酶识别溶酶体水解酶的信号斑，并将 N-乙酰葡糖胺磷酸转移在 1～2 个甘露糖残基上；随后在中间膜囊由 N-乙酰葡萄糖苷酶切去 N-乙酰葡糖胺形成甘露糖-6-磷酸（M6P）配体。M6P 与反面膜囊上的相应受体结合，选择性地包装，出芽形成膜泡，脱去包被及 M6P 受体后形成初级溶酶体。

（6）参与植物细胞壁形成　在高等植物细胞有丝分裂末期，高尔基体数量增加，参与新细胞壁的形成及胞质分裂过程。在植物细胞中，高尔基体合成和分泌多种多糖，多数多糖呈分支状且有很多共价修饰，远比动物细胞的复杂。估计构成植物细胞典型初生壁的过程就涉及数百种酶，除少数酶共价结合在细胞壁上外，多数酶都存在于内质网和高尔基体中。其中一个例外是多数植物细胞的纤维素是由细胞膜外侧的纤维素合成酶合成的。植物细胞分裂时，高尔基体与细胞壁的形成有关。

高尔基体还有其他功能，如在某些原生动物中，高尔基体与调节细胞的液体平衡有关系。

不同细胞中高尔基体的数目和发达程度，既决定于细胞类型、分化程度，也取决于细胞的生理状态。

3. 高尔基体的分离与鉴定

与其他亚细胞结构的分离一样，高尔基体的分离也是通过对细胞匀浆进行离心的方式实现的。最早实现可重复性的高尔基体大量分离的生物材料是大鼠肝脏。现在已有大量从其他细胞、组织分离高尔基体的方法报道。这里描述的是从大鼠肝脏分离高尔基体的方法，首先用低剪切力的匀浆方法破碎细胞，然后通过差速离心分离高尔基体，最后通过蔗糖密度梯度离心纯化。通过这种方法可以在 1h 左右的时间里获得纯化的高尔基体。

一般来说，从某种细胞或组织分离高尔基体失败，多数情况下是因为匀浆过程中高尔基体被破坏。由于肝脏中高尔基体丰度很低，每 10g 肝脏中只有约 15mg 高尔基体，所以，难以通过标志酶来检测在总的匀浆液中是否存在高尔基体；这可以通过电子显微镜观察来判断。匀浆的方法可以采用宽松配套的杆状匀浆器或者是 Polytron 匀浆器，可以快速、高效地破碎组织，并保持单个高尔基体的完整；但是杆状匀浆器容易产生质膜碎片污染。如果采用更彻底的匀浆方法，会使高尔基体被破坏产生囊泡或膜的碎片；而更轻柔的匀浆则会留下较多没有破碎的细胞。

影响高尔基体稳定性的因素，在不同生物组织中可能不同。向大鼠肝脏匀浆液中加入葡聚糖，可以减少溶酶体酶的解离作用，增强高尔基体的稳定性。

高尔基体的纯化需要在蔗糖密度梯度中以 50000～100000g 的离心力离心。如果设备相对离心力达不到 50000g，可以通过延长离心时间来补偿。高尔基体纯化时的蔗糖梯度有很多选择，本实验选择最简化的单层 1.2mol/L 的蔗糖，这足以保证高尔基体的回收。高尔基体会沉积在 1.2mol/L 蔗糖梯度之上，污染的细胞组分则通过蔗糖层沉淀到离心管底部。

对高尔基体鉴定最可靠的方法是标志酶检测法，动物组织来源的高尔基体的标志酶是半乳糖苷转移酶。在确定提取物中高尔基体的存在及其丰度时，电子显微镜观察仍然是不可替代的重要手段。

【实验用品】

1. 实验材料
大鼠。

2. 实验器具

高速冷冻离心机，吊桶式转子，Polytron 匀浆器，天平，巴斯德吸管，解剖刀，解剖剪，硝酸纤维素离心管，培养皿，试管，小烧杯。

3. 实验试剂

(1) 生理盐水（0.9％氯化钠溶液）。

(2) 匀浆缓冲液

Tris-马来酸	50mmol/L，pH6.4
蔗糖	0.5mol/L
葡聚糖	1％（Sigma，平均分子量225000）
β-巯基乙醇	5mmol/L（若不做糖基转移酶活性分析，可以不加）

(3) 1.2mol/L 蔗糖溶液。

【实验步骤】

1. 肝组织匀浆

将大鼠用断头和放血的方法处死，剖开腹部，取出肝脏，用刀片切碎，用0.9％的生理盐水洗去血液，称重。

将肝组织碎块和2倍体积的匀浆缓冲液（以肝组织密度1g/cm³ 估计肝组织块体积）放入Polytron 匀浆器中，以10000r/min 的频率处理40s，然后迅速将匀浆液转移至离心管中。

2. 高尔基体分离

将匀浆液于6000g 离心10min，去除大部分上清液，用巴斯德吸管将沉淀上部1/3黄褐色的部分重悬于少量的上清液中。

3. 高尔基体纯化

用吸管将悬液吹吸使之混匀，然后迅速将悬液铺在装在硝酸纤维素离心管中的1.2mol/L 蔗糖溶液之上。在吊桶式转子中以100000g 离心30min。

用巴斯德吸管将上清液吸出，然后用一支装有橡胶气球的巴斯德吸管将停留在1.2mol/L 蔗糖溶液上层的高尔基体组分（毯子状）挑起，重悬于来自蔗糖梯度的清亮上清液中。以6000g 离心10min，沉淀即为纯化的高尔基体。

4. 高尔基体的鉴定（选做）

将高尔基体制备物先后在2.5％戊二醛和1％锇酸（两种固定液中均含0.1mol/L 磷酸钠，pH7.2）中分别固定1～24h。系列丙酮浓度梯度处理使样品脱水，Epon 环氧树脂包埋，超薄切片机切片，常规染色，透射电子显微镜观察和照相。

【注意事项】

1. 虽然高尔基体的分离可能会受实验动物的饮食、种系、性别等因素的影响，但均可获得良好的制备效果。

2. 肝脏组织在大鼠死亡后的变化相对较慢，处死后到匀浆之间的几分钟时间间隔，对高尔基体形态的影响不大，没有必要使肝脏冷冻。如果采用冷冻离心和冷的溶液，所有操作都可以在室温下进行。

3. 匀浆之后的所有步骤应尽可能快，尽量缩短高尔基体在匀浆中非沉淀状态的时间，避免高尔基体与溶酶体的长时间接触。如果匀浆与离心之间的时间间隔超过5min，可能会导致50％的高尔基体丧失。

4. 最初的差速离心后，高尔基体沉淀要迅速重悬，并快速铺到蔗糖梯度上，时间的延误会导致高尔基体扁平膜囊的去堆积，破坏高尔基体形态的完整性。

5. 高尔基体纯化过程中，停留在蔗糖密度梯度上层的高尔基体组分，本实验选择重悬于来自蔗糖梯度的清亮上清液中，这样可以保持高尔基体的最佳形态。若要更好地保持酶的活性，则可重悬于匀浆缓冲液中，有利于后续的标志酶分析；若要提高制备的高尔基体纯度，则可重悬于蒸馏水中。

6. 高尔基体纯化时没有必要反复地重悬和离心（包括在蔗糖梯度上的离心），这对去除污染的细胞组分和提高高尔基体纯度没有太大的帮助，反而会损失高尔基体外围的管和囊泡结构。

【作业及思考题】

如何用标志酶检测法鉴定制备的高尔基体及其纯度？

第四部分
细胞培养

细胞培养（cell culture）是指在体外模拟体内环境（无菌、适宜温度和酸碱度、一定营养条件等），使之生存、生长、繁殖并维持主要结构和功能的一种方法。细胞培养也叫细胞克隆技术。不论对于整个生物工程技术，还是其中之一的生物克隆技术来说，细胞培养都是一个必不可少的过程，细胞培养本身就是细胞的大规模克隆。细胞培养技术可以由一个细胞经过大量培养成为简单的单细胞或极少分化的多细胞，这是克隆技术必不可少的环节，而且细胞培养本身就是细胞的克隆。细胞培养技术是细胞生物学研究方法中重要和常用技术，通过细胞培养既可以获得大量细胞，又可以借此研究细胞的信号转导、细胞的合成代谢、细胞的生长增殖等。

1. 细胞培养类型

根据培养的细胞类型不同，可以分为动物细胞培养、植物细胞培养和微生物细胞培养。

（1）动物细胞培养　在所有的细胞离体培养中，最困难的是动物细胞培养，它需要一些特殊的条件。

1）血清：动物细胞离体培养常常需要血清。最常用的是小牛血清。血清提供生长必需因子，如激素、微量元素、矿物质和脂肪。在这里，血清等于是动物细胞离体培养的天然营养液。

2）支持物：大多数动物细胞有贴壁生长的习惯。离体培养常用玻璃、塑料等作为支持物。

3）气体交换：二氧化碳和氧气的比例要在细胞培养过程中不断进行调节，不断维持所需要的气体条件。

（2）植物细胞培养

1）光照：离体培养的植物细胞对光照条件不甚严格，因为细胞生长所需要的物质主要是靠培养基供给的。但光照不但与光合作用有关，而且与细胞分化有关，例如光周期对性细胞分化和开花起调控作用，所以以获得植株为目的的早期植物细胞培养过程中，光照条件特别重要。以植物细胞离体培养方式获得重要物质，如药物的过程，植物细胞大多是在反应器中悬浮培养。

2）激素：植物细胞的分裂和生长特别需要植物激素的调节，促进生长的生长素和促进细胞分裂的分裂素是最基本的激素。植物细胞的分裂、生长、分化和个体生长周期都有相应的激素参与调节。和动物细胞相比，植物细胞离体培养对激素要求的原理已经了解，其应用技术也已相当成熟，已经有一套能使用的培养液。同时解决了植物细胞对水、营养物、激素、渗透压、酸碱度、微量元素等的需求。

（3）微生物细胞培养　微生物多为单细胞生物，野生生存条件比较简单。所以微生物人工培养的条件比动植物细胞简单得多。其中厌氧微生物培养比好氧微生物培养复杂，因为严格厌氧需要维持二氧化碳等非氧的惰性气体浓度，而好氧微生物培养则只需要通过不断搅拌提供无菌氧气。微生物对培养条件要求不如动植物细胞那样苛刻，玉米浆、蛋白胨、麦芽汁、酵母膏等成为良好的微生物天然培养基。对于一些特殊微生物的营养条件要求，可以在这些天然培养基的基础上额外添加。

2. 动物细胞培养条件

体外培养细胞必须能够维持和模拟细胞在体内生存的良好环境和物质代谢过程。为此需要提供必要的营养、严格的无菌条件以及适宜的 pH、渗透压、温度、气体和培养器皿等条件。

（1）培养基：细胞的生长需要一定的营养环境，用于维持细胞生长的营养基质称为培养基，即指所有用于各种目的的体外培养、保存细胞用的物质，就其本意上讲为人工模拟体内生长的营养环境，使细胞在此环境中具有生长和繁殖的能力。它是提供细胞营养和促进细胞生长增殖的物质基础，因此培养基应能满足细胞对营养成分（水、氨基酸、维生素、碳水化合物、无机离子和微量元素）、促生长因子、激素、渗透压、pH、无菌等诸多方面的要求。目前标准化的商品合成培养基有多种，是用化学物质模拟合成、人工设计、配制的培养基，包括四大类物质：无机盐、氨基酸、维生素、碳水化合物。除了以上与细胞生长有关的物质以外，培养基中一般还要加入酚红（当溶液酸性 pH 小于 6.8 呈黄色，当溶液碱性 pH 大于 8.4 呈红色），一种 pH 指示剂。在较为复杂的培养液中还包括核酸降解物（如嘌呤和嘧啶两类）以及氧化还原剂（如谷胱甘肽）等。有的培养液还直接采用了腺苷三磷酸和辅酶 A。

（2）血清：培养基在使用前还要加血清，它的主要作用有三点。一是提供生长因子、激素、酶等营养；二是中和有毒物质，对细胞起着保护作用，尤其可中和培养中使用的胰蛋白酶的毒性；三是提供黏附和伸展因子，是贴壁细胞附壁生长所必不可少的。用于细胞培养的血清常用牛血清，而且，动物越年轻，其血清越有利于细胞生长，因此，胎牛血清最好。

（3）温度、气体和 pH 值：在开放培养时，哺乳动物适宜的培养温度是 $37^{\circ}C$，鸟类是 $39^{\circ}C$，爬行类是 $22\sim25^{\circ}C$，两栖类 $26^{\circ}C$，鱼类 $18^{\circ}C$ 等。一般培养细胞对低温的耐受力比高温强，当温度达到 $43^{\circ}C$ 以上时，很多细胞被杀死；而温度不低于 $0^{\circ}C$ 时，能抑制细胞代谢但并无伤害作用；温度降至冰点以下时，细胞会因胞质结冰而死亡，但在培养基中加入保护剂（DMSO 或甘油），可在 $-196^{\circ}C$ 中长期保存。气体主要为 O_2 和 CO_2，O_2 参与三羧酸循环，产生能量供给细胞生长、增殖和合成各种成分。一般置细胞于 95% 空气加 5% CO_2 的混合气体环境中培养。CO_2 既是细胞代谢产物，也是细胞所需成分，它主要与维持培养基的 pH

有直接关系。大多数动物细胞适宜的 pH 条件都是 7.2～7.4，以不超过 pH6.8～7.6 为宜。动物细胞大多数需要轻微的碱性条件，pH 值约在 7.2～7.4。在细胞生长过程中，随细胞数量的增多和代谢活动的加强，CO_2 不断被释放，培养液变酸，pH 值发生变化。为解决这一问题，合成培养基中使用了 $NaHCO_3$-CO_2 缓冲系统，并采用开放培养，使细胞代谢产生的 CO_2 及时溢出培养瓶，再通过稳定调节培养箱中 CO_2 浓度（5％），与培养基中的 $NaHCO_3$ 处于平衡状态。

（4）平衡盐溶液（balanced salt solution，BSS）：主要是由无机盐、葡萄糖组成，它的作用是维持细胞渗透压平衡，保持 pH 稳定及提供简单的营养。主要用于取材时组织块的漂洗、细胞的漂洗、配制其他试剂等。最简单的 BSS 是 Ringer。D-Hank's 与 Hank's 的一个主要区别是前者不含有 Ca^{2+}、Mg^{2+}，因此 D-Hank's 常用于配制胰酶溶液。Earle 平衡液含有较高的 $NaHCO_3$（2.2g/L），适合于 5％CO_2 的培养条件。Hank's 平衡液仅含有 0.35g/L $NaHCO_3$，不能用于 5％CO_2 的环境，若放入 CO_2 培养箱，溶液将迅速变酸，使用时应注意。如果配方中含有 Ca^{2+}、Mg^{2+}，应当首先溶解这些成分。配好的平衡盐溶液可以过滤除菌或高温灭菌。

（5）消化液：取材进行原代培养时常常需要将组织块消化解离形成细胞悬液，传代培养时也需要将贴壁细胞从瓶壁上消化下来，常用的消化液有胰蛋白酶（trypsin）溶液和 EDTA 溶液，有时也用胶原酶（collagenase）溶液。

① 胰蛋白酶溶液：胰蛋白酶活性可用消化酪蛋白的能力表示，常见有 1：125 和 1：250，即一份胰蛋白酶可消化 125 份或 250 份酪蛋白。组织培养用胰蛋白酶溶液一般配制成 0.1％～0.25％浓度，配制时要用不含 Ca^{2+}、Mg^{2+} 及血清的平衡盐溶液，因为这些物质会对胰蛋白酶产生抑制作用。配制胰蛋白酶溶液应充分溶解，过滤除菌，pH 调至 7.5，分装后－20℃保存。

② EDTA 溶液：EDTA 溶液也常用来解离细胞，它的作用机制是结合细胞连接桥粒中的 Ca^{2+}，使其结构松散，细胞易分离。对于一些贴壁特别牢固的细胞，还可以用 EDTA 和胰蛋白酶的混合液进行消化，比单独使用快 50 倍，也可减轻对细胞膜的损害。但血清不抑制 EDTA 的作用，因此单独使用后需彻底洗涤。EDTA 溶液的使用浓度一般为 0.02％，配制时应加碱助溶，配制后可过滤除菌，也可高温消毒灭菌。

③ 胶原酶溶液：胶原酶在上皮类细胞原代培养时经常使用，胶原酶作用的对象是胶原组织，因此不容易对细胞产生损伤。胶原酶的使用浓度为 0.1～0.3mg/L 或 200000U/L，作用的最佳 pH 为 6.5。胶原酶不受 Ca^{2+}、Mg^{2+} 及血清的抑制，配制时可用 PBS。

（6）pH 调整液：常用的有 HEPES 液和 $NaHCO_3$ 溶液。

① $NaHCO_3$ 溶液：$NaHCO_3$ 是培养基中必须添加的成分，一般情况下按说明书的要求准确添加，以保证培养基在 5％CO_2 的环境下 pH 达到设计标准。如果是封闭式培养，即不与 5％CO_2 的环境发生交换达到平衡，所使用的培养基就不能按照说明书要求的加入 $NaHCO_3$。此时常用 5.6％或 7.4％的 $NaHCO_3$ 溶液调节培养基，使之达到所要求的 pH 环境。

② HEPES 溶液：是一种弱酸，中文名称是羟乙基哌嗪乙磺酸，对细胞无毒性，主要作用是防止培养基 pH 迅速变动。在开放式培养条件下，观察细胞时培养基脱离了 5％CO_2 的环境，CO_2 气体迅速逸出，pH 迅速升高，若加了 HEPES，此时可以维持 pH7.0 左右。

（7）抗生素：常用的是青、链霉素，俗称"双抗溶液"。青霉素主要是对革兰氏阳性菌有效，链霉素主要对革兰氏阴性菌有效。加入这两种抗生素可预防绝大多数细菌污染。通常使用青霉素终浓度 0.007～0.008g/100ml，链霉素终浓度 0.01g/100ml。一般配制成 100 倍浓缩液，可用 PBS 或培养基配制。

（8）谷氨酰胺补充液：谷氨酰胺在细胞代谢过程中起重要作用，合成培养基中都要添加。由于谷氨酰胺在溶液中很不稳定容易降解，4℃下放置 7d 即可分解约 50%，所以都是在使用前添加。配制好的培养液（含谷氨酰胺）在 4℃放置 2 周以上时，要重新加入原来量的谷氨酰胺，故需单独配制谷氨酰胺，以便临时加入培养液内。谷氨酰胺使用终浓度为 0.002mol/L。一般配制为 100 倍浓缩液，即浓度为 200mmol/L（29.22g/L），配制时应加温 30℃，完全溶解后过滤除菌，分装至小瓶，储存于 -20℃。使用时，在每 100ml 培养液中加入 0.5～2ml 谷氨酰胺浓缩液，终浓度为 1～4mmol/L。

（9）二肽谷氨酰胺（L-丙氨酰-L-谷氨酰胺）：在细胞培养液中 L-谷氨酰胺是大部分细胞培养基的基本成分；而 L-谷氨酰胺是一种并不稳定的氨基酸，在中性的水溶液中会自发降解，需要频繁地补加 L-谷氨酰胺。过多地追加 L-谷氨酰胺，增加了培养基中氨的毒性水平。二肽谷氨酰胺在细胞培养中稳定而不降解，可高压灭菌，释放毒性氨最少。二肽谷氨酰胺是最优替代物，它无需适应，既可用于贴壁细胞培养，也适合于悬浮细胞的培养。

（10）无毒、无污染：体外生长的细胞对微生物及一些有害有毒物质没有抵抗能力，因此培养环境应达到无化学物质污染、无微生物（如细菌、真菌、支原体、病毒等）污染、无其他对细胞产生损伤作用的生物活性物质（如抗体、补体）污染。因此，细胞生长过程中需要严格无菌操作，根据器材、药品特点的不同，需要采取不同的灭菌方法，包括湿热灭菌、干热灭菌、抽滤除菌、紫外线灭菌等。

3. 细胞培养的一般过程

（1）准备工作　准备工作对开展细胞培养异常重要，工作量也较大，应给予足够的重视。准备工作中某一环节的疏忽可导致实验失败或无法进行。准备工作的内容包括器皿的清洗、干燥与消毒，培养基与其他试剂的配制、分装及灭菌，无菌室或超净台的清洁与消毒，培养箱及其他仪器的检查与调试。具体内容可参阅有关文献。

（2）取材　在无菌环境下从机体取出某种组织细胞（视实验目的而定），经过一定的处理（如消化分散细胞、分离等）后接入培养器皿中，这一过程称为取材。如是细胞株的扩大培养则无取材这一过程。机体取出的组织细胞的首次培养称为原代培养。理论上讲各种动物和人体内的所有组织都可以用于培养，实际上幼体组织（尤其是胚胎组织）比成年个体的组织容易培养，分化程度低的组织比分化高的容易培养，肿瘤组织比正常组织容易培养。取材后应立即处理，尽快培养，因故不能马上培养时，可将组织块切成黄豆般大的小块，置 4℃的培养液中保存。取组织时应严格保持无菌，同时也要避免接触其他有害物质。取病理组织和皮肤及消化道上皮细胞时容易带菌，为减少污染可用抗生素处理。

（3）培养　将取得的组织细胞接入培养瓶或培养板中的过程称为培养。如系组织块培养，则直接将组织块接入培养器皿底部，几小时后组织块可贴牢在底部，再加入培养基。如系细胞培养，一般应在接入培养器皿之前进行细胞计数，按要求以一定的量（以每毫升细胞数表示）接入培养器皿并直接加入培养基。细胞进入培养器皿后，立即放入培养箱中，使细胞尽早进入生长状态。正在培养中的细胞应每隔一定时间观察一次，观察的内容包括细胞是否生长良好，形态是否正常，有无污染，培养基的 pH 是否太酸或太碱（由酚红指示剂指示）。此外对培养温度和 CO_2 浓度也要定时检查。一般原代培养进入培养后有一段潜伏期（数小时到数十天不等），在潜伏期细胞一般不分裂，但可贴壁和游走。过了潜伏期后细胞进入旺盛的分裂生长期。细胞长满瓶底后要进行传代培养，将一瓶中的细胞消化悬浮后分至两到三瓶继续培养。每传代一次称为"一代"。二倍体细胞一般只能传几十代，而转化细胞系或细胞株则可无限地传代下去。转化细胞可能具有恶性性质，也可能仅有不死性（immortality）而无恶性。培养正在生长中的细胞是进行各种生物医学实验的良好材料。

（4）冻存及复苏　为了保存细胞，特别是不易获得的突变型细胞或细胞株，要将细胞冻存。冻存的温度一般用液氮的温度——－196℃。将细胞收集至冻存管中加入含保护剂（一般为二甲亚砜或甘油）的培养基，以一定的冷却速度冻存，最终保存于液氮中。在极低的温度下，细胞保存的时间几乎是无限的。复苏一般采用快融方法，即从液氮中取出冻存管后，立即放入 37℃水中，使之在 1min 内迅速融解。然后将细胞转入培养器皿中进行培养。冻存过程中保护剂的选用、细胞密度、降温速度及复苏时温度、融化速度等都对细胞活力有影响。

4. 注意事项

（1）第一次开始培养某种细胞时，一定要在 WWW. ATCC. ORG 上用该细胞的名称进行检索，可以得到关于该细胞的详细信息，包括需要使用的培养基、血清、添加剂以及通常的消化时间、传代时间等。对于特定的细胞（如原代培养的细胞），需要查阅相关文献来获得更准确的培养方法。

（2）进入细胞间开始细胞培养时，必须严格按照下列步骤操作：

① 确定所有的细胞操作用的溶液和耗材都已经消毒并检测没有问题，不确定的溶液和耗材请勿使用，除非特殊情况，不要借用别人的溶液。

② 确定衣服的袖口已经卷起或者白大褂的袖口已经扎紧。

③ 确定酒精灯内的乙醇量，需要的话及时进行补充。

④ 确定所有需要用到的溶液和耗材都放在伸手可及的位置。为了方便单手开启瓶盖，实验开始前可以把所有瓶盖旋松。

⑤ 尽量不要直接倾倒溶液，除非瓶口没有被烧坏。如果倾倒失败，溶液粘在瓶口，请用喷过 75％乙醇的纸巾仔细清洁瓶口周围（不要接触到瓶口）后在火焰上简单烧灼。

⑥ 操作时如果不能肯定所用的耗材是洁净的，必须及时更换。

⑦ 实验完毕及时收拾，保持工作区域清洁整齐，最后用 75％乙醇清洁台面。

（3）细胞污染的预防

① 实验用品防止污染。细胞培养所用试剂、耗材、器材的清洗、消毒要彻底，各种溶液灭菌要仔细，并在无菌实验检测阴性后才能使用。操作室及剩余的无菌器材要定期清洁、消毒、灭菌。

② 操作过程防止污染。

③ 穿着容易起静电或吸附灰尘的衣物必须更换为白大褂后才能进入细胞间。

④ 实验开始前需要确定戴的手套没有问题，只要接触过生物安全柜之外的物品，必须及时对手套进行消毒。

⑤ 进入细胞培养间后关好门，坐下来尽量少走动以免影响生物安全柜的风帘。工作开始前要先用75％乙醇棉球擦手和瓶盖。事先要严格检查所用的器材、溶液和细胞，不要把污染品或未经消毒的物品带入无菌室内，更不能随便使用，以免造成大规模污染。

⑥ 细胞操作时动作要轻，必须在火焰周围无菌区内打开瓶口，并将瓶口放在火焰周围简单转动烧灼，注意不要让火焰把塑料瓶口烧化。

⑦ 实验操作时生物安全柜的隔板要尽可能放低，尽量减少谈话，打喷嚏或咳嗽时绝对不能对着工作区，以免造成不必要的污染。

⑧ 瓶盖应当倒放在远离自己的地方，以避免瓶盖被误操作所污染。

⑨ 不要从敞开的容器口上方经过，以避免衣服上掉落不明物体对细胞的污染。

⑩ 实验操作时要注意及时更换巴斯德吸管、移液枪枪头和移液管，切勿一根管子做到底。一旦发现接触了非洁净或者无法确定洁净的物品必须直接丢弃。实验完毕应及时收拾，保持实验室清洁整齐，最后用75％乙醇清洁台面。

（4）防止细胞交叉污染

① 在进行多种细胞培养操作时，所用器具要严格区分，最好做上标记便于辨别。按顺序进行操作，一次只处理一种细胞，多种细胞多种操作一起进行时易发生混乱。

② 在进行换液或传代操作时，粘有细胞的移液枪枪头和移液管不要触及试剂瓶瓶口，以免把细胞带到培养基中污染其他细胞。

③ 所有细胞一旦购置，或从别处引入，或自己建立，必须及时保种冻存，一旦发生污染可重新复苏细胞，继续培养。

实验 29

动物细胞原代培养

【实验目的】

1. 掌握动物细胞培养的基本知识。
2. 初步掌握细胞培养过程中的无菌技术。
3. 了解细胞原代培养的基本方法和操作过程。

【实验原理】

1. 细胞原代培养

细胞培养在整个生物技术产业的发展中起到了很关键的核心作用。细胞培养是指在无菌环境下从机体取出某种组织细胞（视实验目的而定），经过一定的处理，如经各种酶（常用胰蛋白酶）、螯合剂（常用 EDTA）或机械方法处理，分散成单个活细胞（尤其是分散的细胞），在合适的培养基中培养，使细胞得以生存、生长和繁殖的方法。这种机体取出的组织细胞的首次培养称为原代培养（primary culture），也称初代培养，一般持续 1～4 周。此期细胞呈活跃的移动，可见细胞分裂，但不旺盛。原代培养细胞与体内原组织基本保持相同的遗传性状，在形态结构和功能活动上相似性也大。

理论上讲各种动物和人体内的所有组织都可以用于培养，实际上幼体组织（尤其是胚胎组织）比成年个体的组织容易培养，分化程度低的组织比分化高的容易培养，肿瘤组织比正常组织容易培养。原代培养一般有一段潜伏期（数小时到数十天不等），在潜伏期细胞一般不分裂，但可贴壁和游走。过了潜伏期后细胞进入旺盛的分裂生长期。取组织时应严格保持无菌，同时也要避免接触其他有害物质。

2. 体外培养细胞的类型

（1）贴附型：大多数培养细胞贴附生长，属于贴壁依赖性细胞，大致分成以下四型。

① 成纤维细胞型：胞体呈梭形或不规则三角形，中央有卵圆形核，胞质突起，生长时呈放射状。除真正的成纤维细胞外，凡由中胚层间充质起源的组织，如心肌、平滑肌、成骨细胞、血管内皮等常呈本状态。

② 上皮型细胞：细胞呈扁平不规则多角形，中央有圆形核，细胞彼此紧密相连成单层膜。生长时呈膜状移动，处于膜边缘的细胞总与膜相连，很少单独行动。起源于内、外胚层的细胞如皮肤表皮及其衍生物、消化管上皮、肝胰、肺泡上皮等皆成上皮型形态。

③ 游走细胞型：呈散在生长，一般不连成片，胞质常突起，呈活跃游走或变形运动，方向不规则。此型细胞不稳定，有时难以和其他细胞相区别。

④ 多型细胞型：有一些细胞，如神经细胞难以确定其规律和稳定的形态，可归于此类。

（2）悬浮型：见于少数特殊的细胞，如某些类型的癌细胞及白血病细胞。胞体圆形，不贴于支持物上，呈悬浮生长。这类细胞容易大量繁殖。

本实验以贴附型细胞的原代培养为例。

3. 原代培养方法

从体内取出的各种组织都由众多细胞和纤维组成，且结合紧密。一般体积大于 $1mm^3$ 的组织块置于培养瓶中，处于周边的少量细胞可能生存和生长增殖，大部分中心的细胞会因缺少营养无法生长，且因纤维的束缚不能移动。为获取多量生长良好的细胞，需要把组织解离成为单个不受损伤的细胞。分散组织的方法主要有机械法和化学法。机械法：包括剪切法、切割法和挤压法等。剪切法是用眼科剪伸入青霉素小瓶中，反复剪切无菌获取的组织块。切割法是用手术刀交错反复切割组织块，成糊状，最大组织块 $1mm^3$ 左右，然后用磷酸盐缓冲液冲洗手术刀，吹打分散细胞，离心弃上清液后重悬再培养。挤压法是把无菌获取的组织块放在一定孔径的无菌筛网上压挤过滤获取细胞。化学法一般指用化学的手段进一步处理较小组织块，获得细胞团或单个细胞用于培养的方法。常用的消化酶主要为胰蛋白酶和胶原酶，非酶消化剂主要为 EDTA。相应的最常用的原代培养的方法有组织块法和消化法。

（1）组织块法：把新鲜的、有旺盛生命力的组织块用机械法剪切或切割或挤压成小块，接种到培养瓶，约 24h 可见新生细胞从贴壁组织块周围游离出来。

（2）消化法：先用机械法将无菌获取的组织块处理为 $1mm^3$ 左右或更小，然后用酶或非酶消化剂，消化细胞基质或纤维，使细胞连接松散、解离，成为细胞团或单个细胞的悬液。单个细胞能够从外界吸收营养和排出代谢产物，经培养，获得大量活细胞，可在较短时间内生长增殖，此种方法为消化法。

细胞培养一般应在接入培养器皿之前进行细胞计数，按要求以一定的量（以每毫升细胞数表示）接入培养器皿并直接加入培养基。细胞进入培养器皿后，立即放入培养箱中，使细胞尽早进入生长状态。

【实验用品】

1. 实验材料
新生小鼠。

2. 实验器具
牛皮纸，硫酸纸，工程线，离心管，移液枪、枪头和枪头盒，EP 管，蓝盖瓶，滤器，烧杯，超净工作台，CO_2 培养箱，倒置显微镜，水浴箱，离心机，解剖剪、眼科剪，解剖镊、眼科镊，解剖盘，烧杯，青霉素小瓶，培养瓶，离心管，吸管，血细胞计数板，酒精灯，电子天平，pH 计，磁力搅拌器，隔离衣，隔离帽，口罩，手套，拖鞋，耐酸手套，酸缸。

3. 实验试剂
培养基（粉剂），青、链霉素，胰蛋白酶，血清，75% 和 90% 乙醇，PBS，5% 盐酸，2% 氢氧化钠，重铬酸钾，浓硫酸，超纯水，盐酸，去污粉。

【实验步骤】

1. 细胞培养前的准备工作
（1）细胞培养器材的准备　器械的清洗与消毒。

① 玻璃器皿的洗消

a. 刷洗、烘干：未使用过的新的玻璃器皿先用自来水刷洗，烤箱中烘干，然后再浸入5％稀盐酸中12h以除去脏物、铅、砷等。自来水冲洗，再用洗涤剂刷洗，自来水冲洗后用烤箱烘干。使用过的玻璃器皿可直接泡入来苏尔液或洗涤剂溶液中，泡过来苏尔溶液（洗涤剂）的器皿要用清水刷洗干净，然后烘干。

b. 泡酸、清洗：用清洁液（重铬酸钾120g：浓硫酸200ml：蒸馏水1000ml）浸泡12h，然后从酸缸内捞出器皿用自来水冲洗15次，最后蒸馏水冲洗3～5次，再用双蒸水过3次。

c. 烘干、包装：洗干净后先烘干，然后用玻璃纸加牛皮纸包装。

d. 高压消毒：包装好的器皿装入高压锅内盖好盖子，打开开关和安全阀，当蒸汽成直线上升时，关闭安全阀，当指针指向15psi❶时，维持20～30min。

e. 烘干备用：因为高压消毒后器皿会被蒸汽打湿，所以要放入烤箱内烘干备用。

② 金属器械洗消　金属器皿不能泡酸，洗消时可先用洗涤剂刷洗，后用自来水冲干净，然后用75％乙醇擦拭，然后用蒸馏水冲洗，再烘干或空气中晾干。先玻璃纸后牛皮纸包装或放入铝制盒内包装好，在高压锅内15psi高压（30min）消毒，烘干备用。

③ 橡胶和塑料　橡胶和橡胶制品通常处理方法是：先用洗涤剂洗刷干净，再分别用自来水和蒸馏水冲干净，再用烤箱烘干，然后根据不同品质进行如下的处理程序。

胶塞烘干后用2％ NaOH溶液煮沸30min（用过的胶塞只要用沸水处理30min），自来水洗净，烘干。然后再泡入5％ HCl液30min，再用自来水、蒸馏水、三蒸水洗净，烘干。最后先玻璃纸后牛皮纸包装或装入铝盒内高压消毒，烘干备用。

胶帽、离心管帽烘干后只能在2％ NaOH溶液中浸泡6～12h（切记时间不能过长），自来水洗净，烘干。然后再泡入HCl液30min，再用自来水、蒸馏水、三蒸水洗净，烘干。最后先玻璃纸后牛皮纸包装或装入铝盒内高压消毒，烘干备用。

胶头可用75％乙醇浸泡5min，然后紫外线照射后即可使用。

④ 其他消毒方法　有的物品既不能干燥消毒，又不能蒸汽消毒，可用70％乙醇浸泡消毒。不能浸泡的可用70％乙醇擦拭后，放在超净台台面上，直接暴露在紫外线下消毒。

（2）细胞培养试剂的准备　培养用液的配制与消毒。

① 水的制备　细胞培养用水必须非常纯净，不含有离子和其他杂质。需要用新鲜的三蒸水或超纯水。

② PBS的制备与消毒（也可用于其他平衡盐溶液，如Hank's、D-Hank's液）

a. 溶解定容：将药品（NaCl 8.0g，KCl 0.2g，$Na_2HPO_4 \cdot H_2O$ 1.56g或$Na_2HPO_4 \cdot 12H_2O$ 3.63g，KH_2PO_4 0.24g）倒入盛有超纯水的烧杯中，玻璃棒搅动，充分溶解，然后把溶液倒入容量瓶中准确定容至1000ml，摇匀即成新配制的PBS溶液。

b. 移入溶液瓶内待消毒：将PBS倒入溶液瓶（250ml青霉素瓶）内，盖上胶帽，并插上针头放入高压锅内8psi消毒20min。高压消毒后要用灭菌水补充蒸发掉的水分。

③ 青、链霉素溶液的配制与消毒　所用超纯水（三蒸水）需要15psi高压灭菌20min。

具体操作均在超净台内完成。青霉素是80万单位/瓶，用注射器加4ml灭菌水。链霉素是100万单位/瓶，加5ml灭菌水，即每1ml各为20万单位。

---

❶ 1psi＝6894.76Pa。

使用时溶入培养液中，使青、链霉素的浓度最终为 100U/ml。

④ 胰蛋白酶溶液的配制与消毒　胰蛋白酶的作用是使细胞间的蛋白质水解从而使细胞离散。不同的组织或者细胞对胰蛋白酶的作用反应不一样。胰蛋白酶分散细胞的活性还与其浓度、温度和作用时间有关，在 pH8.0、温度 37℃时，胰蛋白酶溶液的作用能力最强。使用胰蛋白酶时，应把握好浓度、温度和时间，以免消化过度造成细胞损伤。因 Ca^{2+}、Mg^{2+}和血清、蛋白质可降低胰蛋白酶的活性，所以配制胰蛋白酶溶液时应选用不含 Ca^{2+}、Mg^{2+}的 BSS，如 PBS 液等。终止消化时，可用含有血清的培养液或者胰蛋白酶抑制剂终止胰蛋白酶对细胞的作用。

称取胰蛋白酶：按胰蛋白酶液浓度为 0.25％，用电子天平准确称取粉剂溶入小烧杯中的 PBS 液中。搅拌混匀，置于 4℃过夜。

注射滤器抽滤消毒：配好的胰蛋白酶溶液在超净台内用注射滤器（0.22μm 微孔滤膜）抽滤除菌，然后分装于 4ml EP 管，−20℃保存，以备使用。

⑤ 动物培养基的制备与消毒

a. 溶解、调 pH 值、定容：先将培养基粉剂加入培养液体积 2/3 的超纯水中，并用超纯水冲洗包装袋 2～3 次（冲洗液一并加入培养基中），充分搅拌至粉剂全部溶解，并按照包装说明添加一定的药品。然后用注射器向培养基中加入配制好的青、链霉素液各 0.5ml，使青、链霉素的浓度最终各为 100U/ml。然后调 pH 到 7.2 左右。最后定容至 1000ml，摇匀。

b. 安装蔡式滤器：安装时先装好支架，按规定放好滤膜，用螺丝将不锈钢滤器和支架连接好。然后卸下支架腿分别用布包好待消毒。

c. 抽滤：配制好的培养液用蔡式滤器在超净工作台内过滤。

d. 分装：将过滤好的培养液分装入 100ml 蓝盖瓶内，置于 4℃冰箱内待用。

⑥ 血清的灭活　细胞培养常用的是小牛血清，血清溶解过程中规则地摇晃均匀，然后分装成小包装，储存于−20℃，使用过程中避免反复冻融。做免疫学研究或培养干细胞、昆虫细胞和平滑肌细胞时，需要热灭活（56℃水浴，30min）血清，使补体去活化。

（3）无菌室的清洁与消毒

① 定期打扫无菌室，每周打扫一次，先用自来水拖地、擦桌子和超净工作台等，然后用 0.3％来苏尔或者新洁尔灭或 5％过氧乙酸擦拭。

CO_2 培养箱的灭菌：先用 0.3％新洁尔灭擦拭，然后用 75％乙醇或 5％过氧乙酸擦拭，再用紫外灯照射。

② 每次实验前无菌室及超净台紫外线常规消毒 1h，然后空气净化 30min。

③ 每个进入细胞室的工作人员应保证其个人卫生，进入前先肥皂洗手。进入缓冲间时穿好隔离衣、戴好隔离帽和口罩，然后用 75％乙醇棉球擦净双手。

④实验结束后，清理杂物并清洁，用 75％乙醇或 0.3％新洁尔灭擦拭超净台、边台、倒置显微镜的载物台。

（4）无菌操作的要求

① 凡是带入超净工作台内的乙醇、PBS、培养基、胰蛋白酶的瓶子均要用 75％乙醇擦拭外表面。

② 各种操作要靠近酒精灯火焰，动作要轻、准确，不能乱碰，如吸管不能碰到废液缸。

③ 超净台内也应划分不同的区域，如材料区、操作区、污物区等，各物品有序放置。

④ 器皿使用前必须过火灭菌，继续使用的器皿（如瓶盖、滴管）要放在高处，使用时仍要过火灭菌。

⑤ 吸取两种以上的使用液时要注意更换吸管，防止交叉污染。

⑥ 实验完毕，所用过的器皿、杂物必须清理，同时进行台面清洁，75%乙醇擦拭，然后紫外线灭菌 30min 后关闭。

2. 乳鼠肾细胞的原代培养

（1）单层细胞培养法（胰蛋白酶消化）

① 将新生小鼠拉颈椎致死，置 75%乙醇泡 2～3s（时间不能过长，以免乙醇从口和肛门浸入体内），再用碘酒消毒腹部，带入超净台内（或将新生小鼠在超净台内取出），置于消毒培养皿中。打开消毒器械包，用镊子掀起小鼠腹部皮肤，用解剖剪剪开腹腔，充分暴露腹腔，用另一镊子轻轻夹起肠管，翻至一侧，充分暴露位于腹腔背壁脊柱两侧的肾脏，取下双侧肾脏，放入培养皿中。

② 吸取 PBS 加入培养皿中，清洗肾脏 3 次，尽量去掉血污。再将肾组织剪成几块，再用 PBS 漂洗，去净血液为止。

③ 将洗净的组织块移入消毒小瓶（如毒霉素小瓶）中，用眼科剪深入瓶内反复剪切组织直至 0.5mm³ 大小的组织块。

④ 视组织块的量加入 5～6 倍的 0.25%胰蛋白酶液，37℃消化 20～40min，每隔 5min 振荡一次，或用吸管吹打一次，使细胞分离。当组织块变得疏松，颜色略白时，取出置于超净工作台内，反复吹打组织块，使大部分组织块分散成细胞团或单个细胞状态。

⑤ 加入 3～5ml 培养液以终止胰蛋白酶消化作用（或加入胰蛋白酶抑制剂）。

⑥ 静置 5～10min，使未分散的组织块下沉，取悬液加入到离心管中。

⑦ 1000r/min，离心 10min，弃上清液。

⑧ 加入 PBS 液 5ml，冲散细胞，再离心一次，弃上清液。

⑨ 加入培养液 1～2ml，血细胞计数板计数。

⑩ 将细胞调整到 $5×10^5$/ml 左右，转移至 25ml 细胞培养瓶中，标明细胞名称、日期。置 37℃孵箱中培养。

⑪ 观察：每天要对培养的细胞做常规性检查。观察的主要内容是：污染与否、细胞生长状态、pH（通过培养液颜色变化）。如发现培养液变为黄色且又浑浊，表明已被污染，这时细胞不易贴壁生长，逐渐死亡。如培养液为橘红色，一般说明细胞生长状态良好。在没有发生污染的情况下，一般 24h，可见到许多细胞贴壁，由圆形悬浮状态的细胞延展成短梭状。培养 3～4d 时，细胞生长繁殖，数量增加，可见细胞形成孤立小片（细胞岛），逐渐扩展。细胞透明，颗粒少，界线清楚，状态佳。由于细胞生长旺盛，代谢产物堆积，CO_2 增多，培养液逐渐变酸呈黄色，但液体澄清，此时换液一次。大约 7～10d，原代培养细胞可基本铺满瓶壁，形成致密单层，这时可进行传代培养。

（2）组织块培养法　自上述方法第③步后，将组织块转移到培养瓶，贴附于瓶底面。翻转瓶底朝上，将培养液加至瓶中，培养液勿接触组织块。37℃静置 3～5h，待组织块略干燥，能牢固贴在瓶壁时，轻轻翻转培养瓶，使组织块浸入培养液中（勿使组织块漂起），37℃继续培养。

观察：静置培养 3d 后开始观察，移动培养瓶时要尽量避免培养液振荡撞击组织块。注意检查有否污染处，应在显微镜下观察组织块边缘有否细胞，一般最先出现的是形态不规则的游走细胞，接着是成纤维细胞或上皮细胞。当细胞分裂，细胞数量增多时，在组织块的周围可见到生长晕，随后细胞生长分裂增快，呈放射状向外扩展逐渐连成一片。可根据培养液颜色，更换培养液，约 10～15d 后细胞可长成单层，即可传代培养。

【注意事项】

1. 器材清洗注意事项

（1）严格执行高压锅的操作规程：高压消毒时，先检查锅内是否有蒸馏水，以防高压时烧干。水不能过多，因为其会使空气流通受阻，会降低高压消毒效果。检查安全阀是否通畅，以防高压时爆炸。

（2）安装滤膜时注意光面朝上：注意滤膜光滑一面是正面，要朝上，否则起不到过滤的作用。

（3）注意人体的防护和器皿的完全浸泡：泡酸时要戴耐酸手套，防止酸液溅起伤害人体；从酸缸内捞取器皿时防止酸液溅到地面，酸液会腐蚀地面；器皿浸入酸液中要完全，不能留有气泡，以防止泡酸不彻底。

2. 试剂配制注意事项

（1）配制溶液时必须用新鲜的超纯水或三蒸水。

（2）安装蔡式滤器时通常使用孔径 $0.45\mu m$ 和 $0.22\mu m$ 滤膜各一张，放置位置为 $0.45\mu m$ 的位于 $0.22\mu m$ 的滤膜上方，并且要特别注意滤膜光面朝上。

（3）配制培养基时因为还要加入小牛血清，而小牛血清略偏酸性，为了保证培养液 pH 值最终为 7.2，可在配制时调 pH 至 7.4。

（4）血清、胰蛋白酶等有生物活性的试剂分装时注意使用量的多少，尽量保证一次用完，避免反复冻融。

储存条件：血清一般储存于 $-20℃$，同时应避免反复冻融。购买大包装的血清后，首先要灭活处理，然后分装成小包装，储存于 $-20℃$，使用前融化。融化时最好置于 $4℃$。融化后的血清在 $4℃$ 不宜长时间存放，应尽快使用。

3. 细胞培养注意事项

（1）全程无菌操作。

（2）冻存的物品提前 $37℃$ 水浴。

（3）所有实验物品，包括自己配的液体和购买的产品，都要标记清楚。

（4）酶消化法，消化条件的选择与组织块大小、组织硬度、消化酶浓度和种类、温度及 pH 值等有关，一般通过预实验确定最佳实验条件。

（5）组织块培养法，培养瓶翻转及观察过程中，动作必须轻缓，避免液体振荡，造成贴附的组织块漂起。

【作业及思考题】

1. 简述细胞培养原理及准备工作有哪些。
2. 细胞原代培养的关键步骤是什么？

动物细胞传代培养

【实验目的】

1. 了解动物传代培养的特点。
2. 掌握动物细胞的传代培养法。

【实验原理】

1. 细胞传代培养

体内细胞生长在动态平衡环境中，而组织培养细胞的生存环境是培养瓶、皿或其他容器，生存空间和营养是有限的。当原代培养细胞或细胞系细胞，随着培养时间的延长和细胞不断分裂，细胞之间相互接触而发生接触性抑制，生长速度减慢甚至停止；也会因营养物不足和代谢物积累而不利于生长或发生中毒。因此当细胞增殖达到一定密度后，就需要分离出一部分细胞和更新营养液，重新接种到另外的培养器皿（瓶）内，再进行培养，这一过程叫传代（passage）或再培养（subculture）。对单层培养而言，80%汇合或刚汇合的细胞是较理想的传代阶段。每次传代以后，细胞的生长和增殖过程都会受一定的影响。悬浮型细胞直接分瓶就可以，而贴壁细胞需经消化后才能分瓶。通过传代，扩增了细胞的数量，使得细胞增殖，可获得大量细胞供实验所需。传代培养也是组织培养常规保种方法之一，是几乎所有细胞生物学实验的基础。

2. 传代后细胞生长特点

每传代一次称为"一代"，仅指从细胞接种到分离再培养时的一段时间。如某一细胞系为第 153 代细胞，即指该细胞系已传代 153 次。它与细胞世代（generation）或倍增（doubling）不同；在细胞一代中，细胞能倍增 3～6 次。细胞传一代后，一般要经过以下三个阶段。

① 潜伏期（latent phase）：细胞接种培养后，先经过一个在培养液中呈悬浮状态的悬浮期。此时细胞胞质回缩，胞体呈圆球形。接着是细胞附着或贴附于底物表面上，称贴壁，悬浮期结束。细胞处在潜伏期时，可有运动活动，基本无增殖，少见分裂相。各种细胞潜伏期不同，这与细胞接种密度、细胞的种类、培养基成分和底物的理化性质等密切相关。原代培养细胞潜伏期长，约 24～96h 或更长；连续细胞系和肿瘤细胞潜伏期短，仅 6～24h。细胞接种密度大时潜伏期短。当细胞分裂相开始出现并逐渐增多时，标志细胞已进入指数增生期。

② 指数增生期（logarithmic growth phase）：这是细胞增殖最旺盛的阶段，细胞分裂相

增多。指数增生期细胞分裂相数量可作为判定细胞生长旺盛与否的一个重要标志。一般以细胞分裂指数（mitotic index，MI）表示，即细胞群中每 1000 个细胞中的分裂相数。体外培养细胞分裂指数受细胞种类、培养液成分、pH、培养箱温度等多种因素的影响。一般细胞的分裂指数介于 $0.1\%\sim0.5\%$，原代细胞分裂指数低，连续细胞和肿瘤细胞分裂指数可高达 $3\%\sim5\%$。pH 和培养液血清含量变动对细胞分裂指数有很大影响。指数增生期是细胞一代中活力最好的时期，因此是进行各种实验最好的和最主要的阶段。

③ 停滞期（stagnate phase）：细胞数量达饱和密度后，细胞遂停止增殖，进入停滞期。此时细胞数量不再增加，故也称平顶期（plateau）。停滞期细胞虽不增殖，但仍有代谢活动，继而培养液中营养渐趋耗尽，代谢产物积累、pH 降低。此时需做分离培养即传代，否则细胞会中毒，发生形态改变，重则从底物脱落死亡，故传代应越早越好。传代过晚会影响下一代细胞的机能状态，需要再传一两代淘汰不健康的细胞后才能恢复使用。

3. 细胞系和细胞株

细胞系（cell line）：原代培养经首次传代成功后即成细胞系，由原先存在于原代培养物中的细胞世系所组成。能够连续传代的细胞为连续细胞系（continuous cell line），不能连续培养的为有限细胞系（finite cell line）。连续细胞系本质上可视为已经发生转化的细胞群体，大多数已经发生异倍化，具异倍体核型，有的可能已经成为恶性细胞系，异体接种有致瘤性；也有的仅有不死性，并保留接触抑制现象，无致瘤性。

细胞株（cell strain）：通过选择法或克隆形成法从原代培养物或细胞系中获得的特殊性质或标志，并能稳定保持这些特性的培养物。一般具有固定不变的染色体组型、同工酶、对病毒的敏感性及生化特性等。

【实验用品】

1. 实验材料
贴壁细胞株。

2. 实验器具
倒置显微镜，CO_2 培养箱，超净台，培养瓶，废液缸，移液枪、枪头和枪头盒，EP管，水浴箱，离心机，离心管，血细胞计数板，酒精灯，隔离衣，隔离帽，口罩，手套。

3. 实验试剂
培养基，青、链霉素，0.25% 胰蛋白酶，小牛血清，75% 乙醇，PBS。

【实验步骤】

1. 传代前准备
（1）已消毒灭菌的各器材和试剂。
（2）预热培养用液：把已经配制好的装有培养基、PBS 液和胰蛋白酶的瓶或管放入 37℃ 水浴锅内预热。
（3）用 75% 乙醇擦拭经过紫外线照射的超净工作台和双手。
（4）正确摆放器械：保证足够的操作空间，不仅便于操作而且可减少污染。
（5）点燃酒精灯：注意火焰不能太小。
（6）取出已经预热好的培养用液，用乙醇棉球擦拭好后方能放入超净台内，培养瓶放入超净台。

（7）从培养箱内取出细胞：注意取出细胞时要旋紧瓶盖，用乙醇棉球擦拭显微镜的台面，在镜下观察细胞。

（8）在超净台内将各瓶口一一打开，同时要在酒精灯上烧瓶口消毒。

2. 胰蛋白酶消化

（1）加入消化液：小心吸出旧培养液，PBS 清洗 3 次（冲洗），加入适量 0.25％胰蛋白酶，以晃动培养瓶胰蛋白酶能刚好完全覆盖细胞最好，37℃消化 1～3min，常温也可以，但时间略长。

（2）观察：倒置显微镜下观察消化细胞，若胞质回缩，细胞之间不再连接成片，表明此时细胞消化适度。也可翻转培养瓶，肉眼观察细胞单层，见细胞单层薄膜出现针孔大小空隙时即可进行下一步操作。如见大量细胞片脱落，已消化过头。

（3）终止消化：加入 2～5ml 含血清的培养基终止胰蛋白酶的消化。

3. 吹打分散细胞

（1）吹打混悬：吸取瓶中培养液反复冲瓶壁上的细胞层，至全部冲下，然后将已经消化的细胞吹打成细胞悬液。

（2）吸细胞悬液入离心管：将细胞悬液吸入 10ml 离心管中。

（3）平衡离心：平衡后将离心管放入离心机中，1000r/min 离心 10min。

（4）弃上清液，加入新培养液：弃去上清液，加入 2ml 培养液，用滴管轻轻吹打细胞制成细胞悬液。

4. 洗细胞

重复步骤 3 两次。

5. 分装稀释细胞

（1）观察计数：倒置显微镜下观察细胞，计数。

（2）分装：将细胞悬液吸出分装至 2～3 个培养瓶中，调整细胞浓度为 5×10^5/ml。加入适量培养基旋紧瓶盖。标记细胞名称、代数、日期。

6. 继续培养

用乙醇棉球擦拭培养瓶，适当旋松瓶盖，放入 CO_2 培养箱中继续培养。

7. 观察

细胞传代后，应每日对细胞进行观察，注意是否污染及细胞贴壁和生长情况。

【注意事项】

1. 传代培养的过程通常较长，细胞被污染的可能性增加，因此，必须严格进行无菌操作。

2. 首次传代的细胞因需适应新的环境，可适当增加其接种量，以促进生存与增殖。

3. 适度消化：消化的时间受消化液的种类、配制时间、加入培养瓶中的量等诸多因素的影响，消化过程中应该注意培养细胞形态的变化，一旦胞质回缩，连接变松散，或有成片浮起的迹象就要立即终止消化。

4. 在对细胞进行吹打时，不能用力过猛，尽量不出现气泡，以免损伤细胞。

【作业及思考题】

1. 简述体外培养细胞特点。
2. 试述传代培养的步骤和注意事项，并指出哪些是关键步骤？

实验 31

细 胞 冻 存

【实验目的】

1. 了解细胞冻存的原理。
2. 掌握细胞冻存的一般方法与步骤。
3. 掌握培养细胞的消化方法。

【实验原理】

1. 细胞冷冻保存原理

通过冷冻和在液氮中储存，可使细胞暂时脱离生长状态，保持细胞的生物学特性和活力，避免污染和丢种。还可以利用冻存的形式运送细胞。

一般认为，冻存对细胞的损害主要是低温下，细胞内外的水分都会结冰，所形成的冰晶使电解质浓度升高，会造成细胞膜破裂、细胞器肿胀及微丝和微管解聚而引起细胞死亡；同时细胞外冰晶增多造成的脱水现象，使细胞内的电解质、胶质、盐、糖、类脂和蛋白质等在剩余的水分中浓缩，导致细胞 pH 降低，导热性和导电性改变，酶活性改变，分子之间的空间减小，大分子发生折叠和扭曲，氢键破坏等损伤。

但是如果在溶液中加入冷冻保护剂，则可保护细胞免受损伤。因为冷冻保护剂容易同溶液中的水分子结合，从而降低冰点，减少冰晶的形成；并且通过其浓度降低未结冰溶液中电解质的浓度；同时能保护酶和蛋白质，使细胞免受损伤，细胞得以在超低温条件下保存。冷冻保护剂对细胞的冷冻保护效果还与冷冻速率、冷冻温度有关。而且不同的冷冻保护剂其冷冻保护效果也不一样。

2. 冷冻速率与温度

冷冻速率是指降温的速度，直接关系到冷冻效果。一般采用缓慢冷冻的方法，在 $0 \sim -25\,^{\circ}\!C$ 范围时，冷冻速度要缓慢，每分钟约下降 $1\,^{\circ}\!C$，使细胞外液体先冻结出冰晶，细胞内脱水但不会形成冰晶，避免降温过快细胞内水分来不及外渗，而形成较多冰晶，造成细胞膜及细胞器的破坏，产生细胞内冰晶损伤。温度降到 $-25\,^{\circ}\!C$ 以下时，降温速度应尽可能快，则细胞内形成的冰晶非常小或不结冰。目前最佳的冷冻保存温度是液氮温度（$-196\,^{\circ}\!C$），在 $-196\,^{\circ}\!C$ 时，细胞的生命活动几乎完全停止，但复苏后细胞的结构和功能完好。如果冷冻过程得当，一般生物样品在 $-196\,^{\circ}\!C$ 下均可保存十年以上。应用 $-80 \sim -70\,^{\circ}\!C$ 保存细胞，短期内对细胞的活性无明显影响，但随着冻存时间延长，细胞存活率明显降低。在冰点到 $-40\,^{\circ}\!C$ 范围内保存细胞的效果不佳。

3. 冷冻保护剂

冷冻保护剂是指可以保护细胞免受冷冻损伤的物质。一般来讲，只有红细胞、大多数微生物和极少数有核的哺乳动物细胞悬浮在不加冷冻保护剂的水或简单的盐溶液中，并以最适的冷冻速率冷冻，可以获得活的冻存物。但对于大多数有核哺乳动物细胞来说，在不加冷冻保护剂的情况下，无最适冷冻速率可言，也不能获得活的冷冻物。

目前使用最广泛的冷冻保护剂是二甲基亚砜（DMSO）和甘油。甘油和 DMSO 并不防止细胞内结冰，其保护机制是在细胞冷冻悬液完全凝固之前，渗透到细胞内，在细胞内外产生一定的浓度，降低细胞内外未结冰溶液中电解质的浓度，从而保护细胞免受高浓度电解质的损伤；同时，细胞内水分也不会过分外渗，避免了细胞过分脱水皱缩。而且 DMSO 亲水性强，对二倍体细胞的毒性比甘油小，更易于通过细胞膜，应用更广泛。但 DMSO 在常温下对细胞的毒性作用较大，而在 4℃ 时，其毒性作用大大减弱，且仍能以较快的速度渗透到细胞内。所以，冻存时 DMSO 平衡多在 4℃ 下进行，一般需要40～60min。

【实验用品】

1. 实验材料
生长状态良好的培养细胞。

2. 实验器具
培养瓶，离心管，移液枪、枪头、枪盒，1.5ml 冻存管，酒精灯，水浴锅，CO_2 培养箱，离心机，液氮罐，倒置显微镜，超净工作台，废液缸，普通冰箱，-80℃ 超低温冰箱。

3. 实验试剂
75％乙醇，PBS 液，0.25％胰蛋白酶液，DMEM 培养基，小牛血清，二甲基亚砜（DMSO），双抗（青、链霉素）。

【实验步骤】

1. 实验前准备
（1）冷冻前一日更换半量或全量培养基，观察细胞生长情形，使细胞处于对数生长期。

（2）消毒灭菌各器材和试剂。

（3）清洁超净工作台面，紫外线照射 30min，通风；用 75％乙醇擦拭超净台和双手。同时根据需要将培养基、小牛血清、胰蛋白酶、PBS 液、双抗复温，然后无菌操作放于超净台。

2. 配制冻存液（使用前配制）
取一离心管配制完全培养基（含 1％双抗、20％小牛血清），然后逐滴加入二甲基亚砜（DMSO）至 20％浓度，即制成双倍的冻存液，置于室温备用。

3. 收集细胞
从细胞培养箱中取出细胞，进行瓶口消毒，弃去细胞原来的培养基。按 $1ml/25cm^2$ 的比例加入 2.5％胰蛋白酶，37℃ 消化 1～5min，加入 2～5ml 完全培养基以终止消化。采用无菌枪头轻轻吹打细胞表面，注意吹打全部培养表面，制备细胞悬液，加入离心管内，配平离心，1000r/min 离心 5min。离心后细胞，用完全培养基重悬。

4. 细胞计数

取少量细胞悬浮液（约 0.1ml），计数细胞浓度及冻前存活率。

5. 细胞冻存

取与细胞悬液等量的冻存液，缓慢逐滴加入细胞悬液，并晃动试管，轻轻混匀，使细胞密度达 $1×10^6～1×10^7/ml$，按每管 $1～1.5ml$ 的量分装于冻存管内，拧紧管盖，严密封口后，注明细胞名称、代数、日期，然后进行冻存。首先 $4℃$ $30min$，$-20℃$ $30min$，$-80℃$ 过夜，最后进行液氮保存。另有一种比较实用的降温方法：用最少 $2cm$ 厚的医用棉纱将冻存管紧紧包裹，扎紧，直接放入 $-70℃$ 冰箱，隔夜取出冻存管直接放液氮冻存。或直接采用程序性降温盒更为方便。

6. 记录

做好冻存记录，内容包括冻存日期、细胞代号、冻存管数、冻存过程中降温的情况、冻存位置以及操作人员。

【注意事项】

1. 细胞活力及浓度：细胞应在生长良好、致密度约为 $80\%～90\%$、旺盛分裂时期冻存。

2. 使用 DMSO 前，不需要进行高压灭菌，它本身就有灭菌的作用。高压灭菌反而会破坏它的分子结构，以至于降低冷冻保护效果。在常温下，DMSO 对人体有害，故在配制时最好戴上手套操作。混合 DMSO 要快，因为 DMSO 对细胞有毒性，混合之后应尽快冻存。要注意的是加入冻存液后一定要混匀，防止 DMSO 沉淀。

3. 冻存可用 $10\%～90\%$ 的血清，一般高浓度血清有助于维护细胞活力。此处用 20% 终浓度有利于细胞悬浮而少沉积（$4℃$ 时），复苏存活率在 80% 以上。对原代培养细胞，以 90% 血清冻存更为有效。

4. 冻存液应提前配制，置于室温备用，防止临时配制产生的热量损伤细胞。

5. 实行细胞慢冻的原则，缓慢冷冻，可使细胞逐步脱水，细胞内不致产生大的冰晶，导致细胞损害。对于大多数细胞来说，每分钟降 $1～3℃$ 是合适的。相反，若不缓慢冷冻，造成的冰晶就大，大冰晶会引起细胞膜、细胞器的损伤和破裂。

6. 在将细胞冻存管投入液氮时，动作要小心、轻巧，以免液氮从液氮罐内溅出。若液氮溅出，可能对皮肤造成冻伤。操作过程中最好戴防冻手套、面罩，穿工作衣。

7. 不宜将冻存细胞放置在 $0～-60℃$ 这一温度范围内过久，低温损伤主要发生在这一温度区内，是"危险温区"。而细胞在 $-70℃$ 可保存数月；在液氮中可长期冻存无限时间，不会影响细胞活力。

【作业及思考题】

1. 试述细胞冻存的原理。

2. 细胞冻存的关键步骤有哪些，注意事项是什么？

细胞复苏

【实验目的】

1. 理解细胞复苏的原理。
2. 掌握细胞复苏的方法。

【实验原理】

1. 复苏原理

细胞复苏时，一般以很快的速度升温，1～2min 内即恢复到常温，在冷冻保护剂的作用下，细胞内外不会重新形成较大的冰晶，也不会暴露在高浓度的电解质溶液中过长时间，从而无冰晶损伤和溶质损伤产生，冻存的细胞经复苏后仍保持其正常的结构和功能。冷冻保护剂对细胞的冷冻保护效果与复温速率有关。

2. 复苏速率

冷冻保护体外培养物，除了必须有最佳的冷冻速率、合适的冷冻保护剂和冻存温度外，在复苏时也必须有最佳的复温速率，这样才能保证最后获得最佳冷冻保存效果。

复温速率是指在细胞复苏时温度升高的速度。复温速率不当也会降低冻存细胞存活率。一般来说，复温速度越快越好。常规的做法是，在 37℃ 水浴中，于 1～2min 内完成复苏。复温速度过慢，细胞内往往重新形成较大冰晶而造成细胞损伤。复温时造成的细胞损伤非常快，往往在极短的时间内发生。

【实验用品】

1. 实验材料

冻存细胞。

2. 实验器具

恒温水浴箱，离心机，移液枪、枪头、枪盒，培养瓶，离心管，酒精灯，CO_2 培养箱，离心机，液氮罐，倒置显微镜，超净工作台，废液缸。

3. 实验试剂

PBS 液，0.25％胰蛋白酶液，DMEM 培养基，小牛血清，75％乙醇，双抗（青、链霉素）。

【实验步骤】

1. 取出冻存管

根据细胞冻存记录按标签找到所需细胞的编号，从液氮罐中取出细胞盒，取出所需的细胞，同时核对管外的编号。

2. 迅速解冻

迅速将冻存管投入到已经预热的 37℃ 水浴锅中解冻，并不断地摇动，使管中的液体迅速融化。

3. 洗掉冷冻液

约 1～2min 后冻存管内液体完全融化，开盖后迅速将细胞悬液移入 15ml 离心管中，缓慢加入 4ml 完全培养基，稀释 DMSO 浓度，以减少对细胞的损伤。平衡后 1000r/min 离心 5min。

4. 制备细胞悬液

弃上清液，向离心管内加入 10ml 完全培养基，轻轻吹打混匀，制成细胞悬液。

5. 细胞计数

计数，调整细胞浓度为 $5×10^5/ml$。

6. 培养细胞

将符合细胞计数要求的细胞悬液分装入培养瓶内，将培养瓶放入 CO_2 培养箱内，2～4h 后换液继续培养，换液的时间由细胞情况而定。

【注意事项】

1. 复苏时，从液氮取出冻存管到水浴中融化的过程要快，否则会导致冰晶的形成，伤害细胞。同时，一次复苏的冻存管数量不要太多，否则会引起水浴锅中传热不佳，延缓冻存的细胞悬液融化的时间。

2. 细胞冻存悬液一旦融化后，要尽快离心除去冷冻保护液，防止冷冻保护剂对细胞产生毒性。

3. 实验人员在复苏细胞过程中，同样应具有自我保护意识，避免被液氮冻伤。

【作业及思考题】

1. 试述细胞复苏的原理。

2. 细胞复苏的关键步骤和注意事项有哪些?

附录

1. N6 培养基

N6 培养基配方见附表 1。

附表 1　N6 培养基配方

成分	含量/(mg/L)
硝酸钾(KNO_3)	2830
硫酸铵[$(NH_4)_2SO_4$]	463
氯化钙($CaCl_2 \cdot 2H_2O$)	166
硫酸镁($MgSO_4 \cdot 7H_2O$)	185
磷酸二氢钾(KH_2PO_4)	400
硫酸亚铁($FeSO_4 \cdot 7H_2O$)	27.8
硫酸锰($MnSO_4 \cdot 4H_2O$)	4.4
硫酸锌($ZnSO_4 \cdot 7H_2O$)	1.6
硼酸(H_3BO_3)	0.8
碘化钾(KI)	1.6
甘氨酸	2
烟酸	0.5
盐酸硫胺素(维生素 B_1)	1.0
盐酸吡哆醇(维生素 B_6)	0.5
蔗糖	50000

2. 磷酸钠缓冲液（PB）

先配制原液：

A 液（1mol/L 磷酸二氢钠溶液）：称取 $NaH_2PO_4 \cdot 2H_2O$ 15.60g，加双蒸水定容至 100ml。

B 液（1mol/L 磷酸氢二钠溶液）：称取 $Na_2HPO_4 \cdot 7H_2O$ 26.81g，加双蒸水定容至 100ml。

取 A 液、B 液按一定比例混合（见附表 2），即可得各种 pH 值的 1mol/L 的磷酸钠缓冲液；再用双蒸水按一定倍数稀释，即得对应 pH 值下不同浓度的磷酸钠缓冲液。

附表 2　不同 pH 值磷酸钠缓冲液的配制（25℃）

pH	A 液/ml	B 液/ml	pH	A 液/ml	B 液/ml
5.8	92.1	7.9	7.0	42.3	57.7
6.0	88.0	12.0	7.2	31.6	68.4
6.2	82.2	17.8	7.4	22.6	77.4
6.4	74.5	25.5	7.6	15.5	84.5
6.6	64.8	35.2	7.8	10.4	89.6
6.8	53.7	46.3	8.0	6.8	93.2

3. 磷酸钾缓冲液

先配制原液：

A 液（1mol/L 磷酸氢二钾溶液）：称取 K_2HPO_4 17.42g，加双蒸水定容至 100ml。

B 液（1mol/L 磷酸二氢钾溶液）：称取 KH_2PO_4 13.61g，加双蒸水定容至 100ml。

取 A 液、B 液按一定比例混合（见附表 3），即可得各种 pH 值的 1mol/L 的磷酸钾缓冲液；再用双蒸水按一定倍数稀释，即得对应 pH 值下不同浓度的磷酸钾缓冲液。如有需要，过滤消毒。室温可保存 3 个月。

附表 3　不同 pH 值磷酸钾缓冲液的配制（25℃）

pH	A 液/ml	B 液/ml	pH	A 液/ml	B 液/ml
5.8	8.5	91.5	7.0	61.5	38.5
6.0	13.2	86.8	7.2	71.7	28.3
6.2	19.2	80.8	7.4	80.2	19.8
6.4	27.8	72.2	7.6	86.6	13.4
6.6	38.1	61.9	7.8	90.8	9.2
6.8	49.7	50.3	8.0	94.0	6.0

4. 磷酸盐缓冲液（PBS），10mmol/L，pH7.2~7.4

磷酸二氢钾（KH_2PO_4）　　　　2mmol/L

磷酸氢二钠（Na_2HPO_4）　　　　8mmol/L

氯化钠（NaCl）　　　　136mmol/L

氯化钾（KCl）　　　　2.6mmol/L

浓盐酸调 pH 至 7.2~7.4，去离子水定容。高温高压灭菌后置于 4℃冰箱保存备用。

5. Ringer 溶液（0.9%，哺乳动物用）

氯化钠　　0.900g

氯化钾　　0.042g

氯化钙　　0.025g

双蒸水　　100ml

鸟类、果蝇使用 0.75% 的 Ringer 溶液，其中的氯化钠用量为 0.750g，其他成分不变；

两栖动物使用 0.65％的 Ringer 溶液，其中的氯化钠用量为 0.650g，其他成分不变。

6. 詹纳斯绿 B 染液（0.02%）

（1）动物细胞用：称取 0.2g 詹纳斯绿 B 溶于 20ml Ringer 溶液中，加温到 30～40℃，使其充分溶解，用滤纸过滤后，即为 1％原液。

取 1％原液 1ml，加入 49ml Ringer 溶液中，混匀，即成 0.02％工作液，装入瓶中备用。最好现用现配，以保持它的氧化状态。

（2）植物细胞用：与动物细胞用的詹纳斯绿 B 染液的配制方法相似，区别是用双蒸水代替 Ringer 溶液进行配制。

7. Tris-HCl 缓冲液（0.05mol/L，25℃）

50ml 0.1mol/L Tris（三羟甲基氨基甲烷）溶液与一定体积的 0.1mol/L 盐酸（见附表 4）混匀后，加水稀释至 100ml，可得不同 pH 值的 Tris-HCl 缓冲液。

附表 4　不同 pH 值 0.05mol/L 的 Tris-HCl 缓冲液的配制（25℃）

pH	0.1mol/L 盐酸/ml	pH	0.1mol/L 盐酸/ml
7.10	45.7	8.10	26.2
7.20	44.7	8.20	22.9
7.30	43.4	8.30	19.9
7.40	42.0	8.40	17.2
7.50	40.3	8.50	14.7
7.60	38.5	8.60	12.4
7.70	36.6	8.70	10.3
7.80	34.5	8.80	8.5
7.90	32.0	8.90	7.0
8.00	29.2	9.00	5.7

8. TES 缓冲液（10mmol/L，pH7.5）

10mmol/L Tris-HCl，pH7.5
1mmol/L EDTA
微量 SDS

9. 改良苯酚品红染液

配制顺序如下：
A 液：取 3g 碱性品红，溶于 100ml 70％乙醇中，此液可以长期保存。
B 液：取 A 液 10ml，加入 90ml 5％苯酚（即石炭酸）水溶液中（2 周内使用）。
C 液：取 B 液 55ml，加入 6ml 的冰醋酸和 6ml 38％的甲醛（可长期保存）。

取 C 液 10～20ml，加入 90～80ml 45％醋酸和 1.5g 山梨醇。放置 2 周后使用。其中，山梨醇为助渗剂，兼有稳定染色液的作用；如果没有山梨醇，也能染色，但效果稍差。

10. 戊二醛固定液（2.5%）

0.2mol/L 磷酸钠缓冲液（PB）　　　100ml

25%戊二醛	20ml

双蒸水定容至 200ml

4℃保存。

11. 锇酸固定液（1%）

（1）2%锇酸固定液原液的配制：将装有 1.0g 四氧化锇的安瓿用洗液浸泡，洗去瓶上的标签和表面的各种有机质，然后用蒸馏水洗净，擦干。将洗净的安瓿装入棕色磨口瓶中，盖上盖，于排毒柜中用力振荡，使其内部的安瓿振破，立即加入 49ml 的双蒸水让四氧化锇缓慢溶解，密封后放在冰箱中 4℃保存（至少 24h）。

（2）1%锇酸固定液的配制：取 2%锇酸固定液原液，加入等体积的 0.2mol/L 的 PB（pH7.2），混匀，冰箱 4℃保存。

12. 苏木精染液

甲液：苏木精 5g，无水乙醇 30ml。

乙液：铵矾，即硫酸铝铵饱和水溶液，比例为 1g 硫酸铝铵∶11ml 水，用时配 110ml，取 100ml。

丙液：甘油 125ml，甲醇 125ml。

配法如下：将甲液逐滴加入乙液，并用玻璃棒搅动；然后暴露 7～10d，加入丙液；将混合液静置 2 个月至颜色变深为止（可过滤），成熟后阴冷处密封保存，可长期保存使用。使用时取 1 份用 3～5 份蒸馏水稀释，则染色后分化更明显。

13. 中性红染液

（1）动物细胞用：称取 0.2g 中性红溶于 20ml Ringer（哺乳动物 0.9%，鸟类 0.75%，两栖动物 0.65%）溶液中，稍加热（30～40℃）使之很快溶解，用滤纸过滤，即得 1%原液。装入棕色瓶室温避光保存，否则易氧化沉淀，失去染色能力。

临用前，取已配制的 1%中性红溶液 1.5ml，加入 48.5ml Ringer 溶液混匀，即得 0.03%工作液，装入棕色瓶备用。

（2）植物细胞用：与动物细胞用的中性红染液的配制方法相似，区别是用双蒸水代替 Ringer 溶液进行配制。

14. Alsever 溶液（pH7.2～7.4）

葡萄糖	2.05g
柠檬酸钠	0.8g
氯化钠	0.42g

双蒸水定容至 100ml。

用柠檬酸调 pH 值至 7.2～7.4，过滤灭菌或高压灭菌 20min，置 4℃冰箱保存。

15. GKN 缓冲液

NaCl	8g/L

KCl	0.4g/L
$Na_2HPO_4 \cdot 2H_2O$	1.77g/L
$NaH_2PO_4 \cdot H_2O$	0.69g/L
葡萄糖	2g/L
酚红	0.01g/L

16. 吉姆萨（Giemsa）染液

吉姆萨	0.5g
甘油	33ml
甲醇	33ml

配制方法：将 Giemsa 粉置于研钵中，加入少量甘油，研磨至无颗粒；再将剩余甘油倒入混匀，56℃保温 2h，令其充分溶解；最后加甲醇混匀，为吉姆萨原液，保存于棕色瓶。用时吸出少量，用 67mmol/L 磷酸盐缓冲液稀释 10～20 倍。

参 考 文 献

[1] 斯佩克特 D L, 戈德曼 R D, 莱因万德 L A. 细胞实验指南: 上册 [M]. 黄培堂, 等译. 北京: 科学出版社, 2001.

[2] 博尼费斯农 J S, 达索 M, 哈特佛德 J B, 科平科特-施瓦兹 J, 山田 K M. 精编细胞生物学实验指南 [M]. 章静波, 等译. 北京: 科学出版社, 2007.

[3] Dealtry G B, Rickwood. Cell biology labfax [M]. Oxford United Kingdom: BIOS Scientific Publisher, 1992.

[4] 安利国. 细胞生物学实验教程 [M]. 北京: 科学出版社, 2004.

[5] 丁明孝, 苏都莫日根, 王喜忠, 邹东方. 细胞生物学实验指南 [M]. 2 版. 北京: 高等教育出版社, 2013.

[6] 杜晓娟. 医学细胞生物学 [M]. 3 版. 北京: 北京大学医学出版社, 2016.

[7] 龚明慧. 利用蚕豆根观察植物有丝分裂 [J]. 生物学通报, 2009, 44 (9): 34.

[8] 龚明慧. 一种洋葱快速生根的方法 [J]. 生物学通报, 2006, 41 (3): 6.

[9] 郭振. 细胞生物学实验 [M]. 合肥: 中国科学技术大学出版社, 2012.

[10] 兰景华. Epon812 包埋剂配方的比较和改进 [J]. 实验技术与管理, 1994 (04): 35-36.

[11] 李万杰, 胡康棣. 实验室常用离心技术与应用 [J]. 生物学通报, 2015, 50 (04): 10-12.

[12] 林加涵, 魏文玲, 彭宣宪. 现代生物学实验: 上册 [M]. 北京: 高等教育出版社; 海德堡: 施普林格出版社, 2000.

[13] 刘宝辉. RND3 在人脑胶质母细胞瘤中的作用及机制研究 [M]. 武汉: 武汉大学出版社, 2016.

[14] 罗云波. 食品生物技术导论 [M]. 北京: 中国农业大学出版社, 2016.

[15] 穆平, 乔利仙. 遗传学实验教程 [M]. 北京: 高等教育出版社, 2010.

[16] 阮竞强. 观察植物细胞有丝分裂实验的改进 [J]. 生物学通报, 2007, 42 (1): 54.

[17] 桑建利, 谭信. 细胞生物学实验指导 [M]. 北京: 科学出版社, 2010.

[18] 王丽婷, 孙玮, 王丽馨, 王芳. 浅谈激光扫描共聚焦显微镜的使用维护及保养 [J]. 现代医药卫生, 2012, 28 (20): 3132-3133.

[19] 王小利, 张改生, 李红霞. 植物分子细胞遗传学实验 [M]. 上海: 上海科学技术出版社, 2010.

[20] 徐秀苹, 谷丹, 冯旻. 适用于扫描电镜的拟南芥蜡质样品制备方法 [J]. 电子显微学报, 2015, 34 (1): 82-84.

[21] 杨大翔. 遗传学实验 [M]. 北京: 科学出版社, 2004.

[22] 杨汉民. 细胞生物学实验. [M]. 2 版. 北京: 高等教育出版社, 1997.

[23] 岳磊, 张垚, 马卓. 激光扫描共聚焦显微镜实验技术与应用 [J]. 哈尔滨商业大学学报: 自然科学版, 2015, 31 (3): 263-266, 290.

[24] 张克中, 郭巍. 生物化学与分子生物学实验指导 [M]. 北京: 中国林业出版社, 2015.

[25] 章静波, 黄东阳, 方瑾. 细胞生物学实验技术 [M]. 2 版. 北京: 化学工业出版社, 2011.

[26] 赵凤娟, 姚志刚. 遗传学实验 [M]. 2 版. 北京: 化学工业出版社, 2016.

[27] 赵凤娟, 赵自国, 夏江宝. 北方常见抗盐碱植物耐盐结构及其生态适应演化 [M]. 北京: 中国农业科学技术出版社, 2019.